特長と使い方

◆ 15 時間の集中学習で入試を攻略！

1 時間で 2 ページずつ取り組み，計 15 時間（15 回）で高校入試直前の実力強化ができます。強化したい分野を，15 時間の集中学習でスピード攻略できるように入試頻出問題を選んでまとめました。

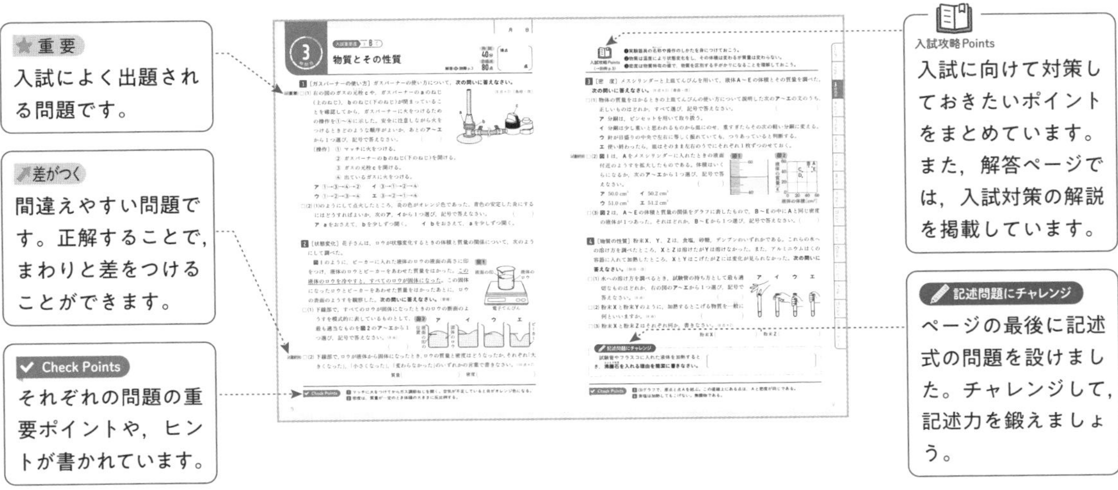

◆「総仕上げテスト」で入試の実戦力 UP ！

総合的な問題や，思考力が必要な問題を取り上げたテストです。15 時間で身につけた力を試しましょう。

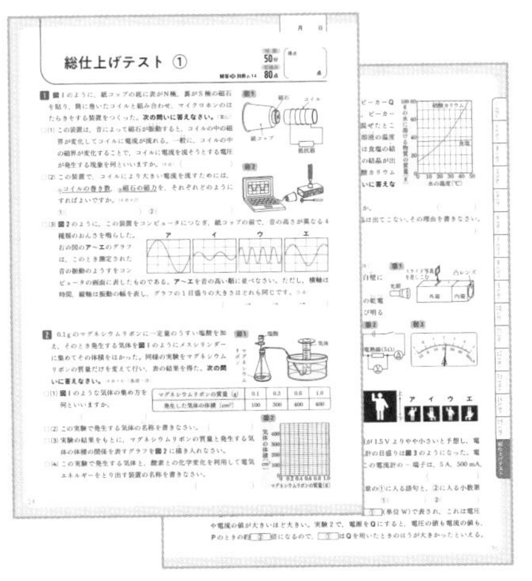

◆ 巻末付録「最重点 暗記カード」つき！

入試直前のチェックにも使える，持ち運びに便利な暗記カードです。理解しておきたい最重要事項を選びました。

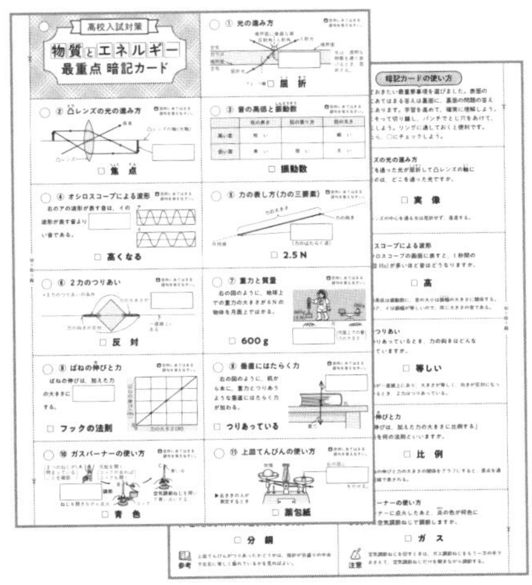

◆ 解き方がよくわかる別冊「解答・解説」！

親切な解説を盛り込んだ，答え合わせがしやすい別冊の解答・解説です。間違えやすいところに ①ここに注意 ，入試対策の解説に 入試攻略 Points といったコーナーを設けています。

目次と学習記録表

◆ 下の表に学習日と得点を記録して，自分自身の実力を見極めましょう。
◆ 1 回だけでなく，復習のために 2 回取り組むことが，実力を強化するうえで効果的です。

本書に関する最新情報は，小社ホームページにある**本書の「サポート情報」**をご覧ください。（開設していない場合もございます。）
なお，この本の内容についての責任は小社にあり，内容に関するご質問は直接小社におよせください。

出題傾向

◆「理科」の出題割合と傾向

〈「理科」の出題割合〉

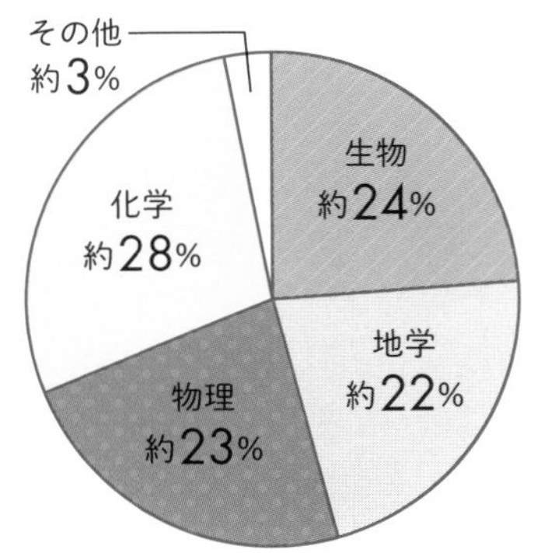

〈「理科」の出題傾向〉

- 化学・物理・生物・地学の各分野からバランスよく出題されている。
- 化学・物理の分野では，実験の方法，結果，考察，注意点が重要なポイントになる。
- 生物・地学の分野では，基本的な内容についての知識とその理解，実験・観察では基本操作や結果をもとにした思考力などが問われる。

◆「物質（化学分野）」の出題傾向

- **物質のすがた** ………………… 気体のつくり方，その性質や集め方についての問題がよく出る。
- **物質のなりたち** …………… 炭酸水素ナトリウムの分解や水の電気分解に関する問題が頻出。
- **化学変化と物質の質量** …… 化学変化の前後での質量の関係について問う問題が多い。
- **水溶液とイオン** …………… 電池や中和に関する問題がよく出題される。

◆「エネルギー（物理分野）」の出題傾向

- **光と音** ………………………… 鏡や凸レンズによる像や音の波形を示す図についての問題が多い。
- **電流** …………………………… 電流による発熱の問題やオームの法則に関する問題が多い。
- **力のつりあい** ………………… ばねや動滑車を組み合わせた浮力についての問題がよく出る。
- **運動の規則性** ………………… 記録タイマーを用いた実験による物体の運動のようすに関する問題が多い。
- **力学的エネルギー** ………… 位置エネルギーや運動エネルギーの増減を問う問題が頻出。

合格への対策

◆ 実験・観察

実験器具の操作理由や実験の目的，注意点をとらえながら，科学的に調べる能力を身につけておきましょう。

◆ 自然現象の規則性

身のまわりの自然を科学的に調べる能力を問う問題が解けるよう，身近な自然現象にも興味・関心を持ち，その規則性を簡潔に説明する力をつけておきましょう。

◆ グラフ

測定結果をもとにしてグラフを作成する場合は，測定値をはっきりと示すようにしましょう。

◆ 理科の解答形式

記号選択式が多いですが，記述式も増えてきているので，文章記述の練習をしておきましょう。

入試重要度 A B C

光・音

時間 40分　合格点 80点　得点　　点

解答➡別冊 p.1

1 [光の性質] 次の問いに答えなさい。

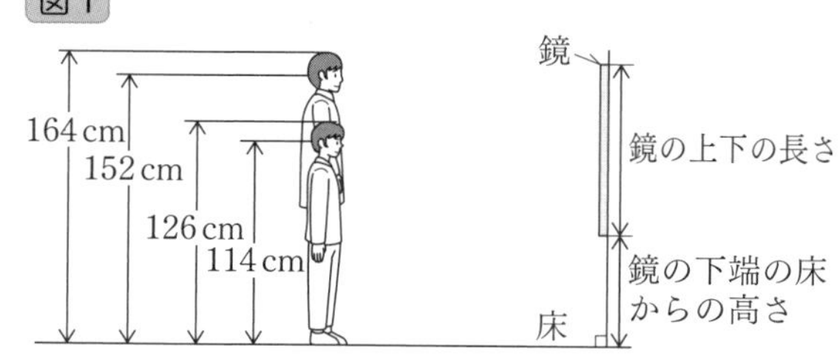

差がつく □(1) まさとさんは，身長が 164 cm，目の高さが床(ゆか)から 152 cm であり，まさとさんの弟は，身長が 126 cm，目の高さが床から 114 cm である。**図1**のように，まさとさんと弟が並んで立って真正面の鏡を見たとき，2人がそれぞれ自分の全身を見ることができるような鏡を，床に垂直にとりつけたい。そのために必要な鏡の上下の長さは少なくとも何 cm ですか。また，そのとき，鏡の下端(かたん)の床からの高さは何 cm ですか。(10点×2)〔高知〕

鏡の上下の長さ（　　　　）

鏡の下端の床からの高さ（　　　　）

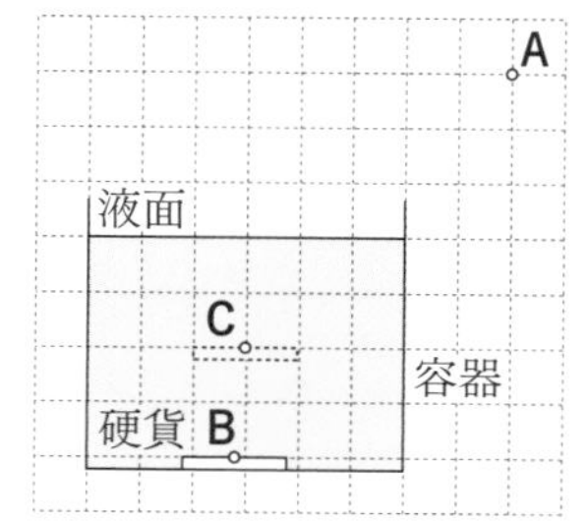

★重要 □(2) **図2**のように，ある液体を注いだ容器の底に硬貨(こうか)を置いて，点Aから見たところ，硬貨の中心点Bは点Cにあるように見えた。硬貨の中心点Bが点Cの位置に見えたことをふまえて，点Bから点Aに向かう光の道筋を**図2**に描(か)き入れなさい。(10点)〔長崎〕

2 [凸(とつ)レンズによる像] 右の図のように，光学台に，光源，物体，焦点距離(しょうてんきょり) 12 cm の凸レンズ，スクリーンを直線上に並べて，凸レンズの位置を固定してから，スクリーンに物体の像がうつるように，物体とスクリーンを動かした。**次の問いに答えなさい。**〔愛媛－改〕

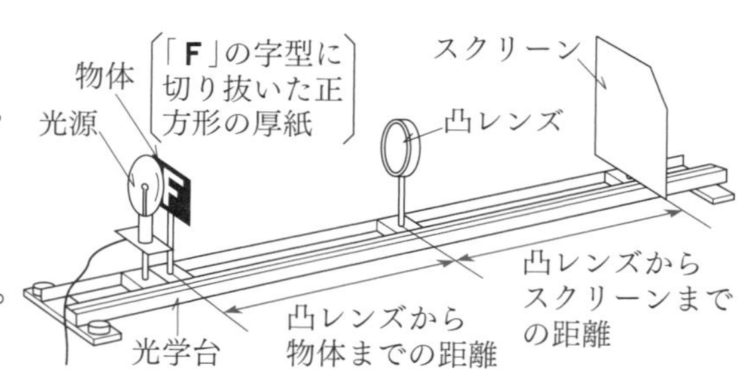

□(1) スクリーンにできた像はどれか，次の**ア**～**エ**から1つ選び，記号で答えなさい。(8点)

ア
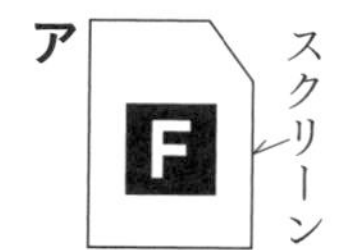

イ

ウ

エ
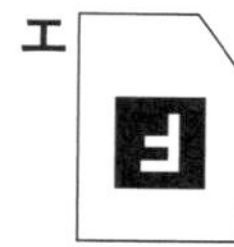

（　　　）

★重要 □(2) スクリーンにできた像の大きさが，物体の大きさと同じになったとき，凸レンズからスクリーンまでの距離は何 cm でしたか。(8点)

（　　　　）

□(3) 次の文章の①，②の(　)の中から適当なものを1つずつ選び，記号で答えなさい。(8点×2)

物体を凸レンズから遠ざけたとき，スクリーンに像をうつすには，凸レンズからスクリーンまでの距離を ①(**ア** 長く　**イ** 短く) しなければならない。そのとき，像の大きさは，物体の大きさよりも ②(**ア** 大きく　**イ** 小さく) なる。

①(　　　)　②(　　　)

Check Points

1 (1)光の反射の法則に着眼する。(2)光の屈折(くっせつ)により，中心点が点Cにあるように見える。

2 スクリーンにうつる像は実像で，物体と上下左右が逆になっている。

入試攻略Points
(→別冊 p.2)

❶光の反射と屈折について理解し，反射光，屈折光が作図できるようにしよう。
❷凸レンズによってできる実像や虚像を作図できるようにしよう。
❸音の大小，高低と振幅，振動数の関係を理解しておこう。

重要 □ **3** ［音の伝わる速さ］校庭で，校舎に向かって一直線上にAさんとBさんが立っている。Aさんがスターターピストルを鳴らし，Bさんは初めの音を聞いたときにストップウォッチをおして時間をスタートさせ，校舎で音がはね返り，再び音が聞こえたときにストップウォッチをおして時間を止め，その間の時間を調べたら1.1秒であった。Aさんは校舎から200 m離れた位置におり，音は1秒間に340 m進むとして，BさんはAさんから何m離れた位置にいたか，**計算して求めなさい。**（8点）

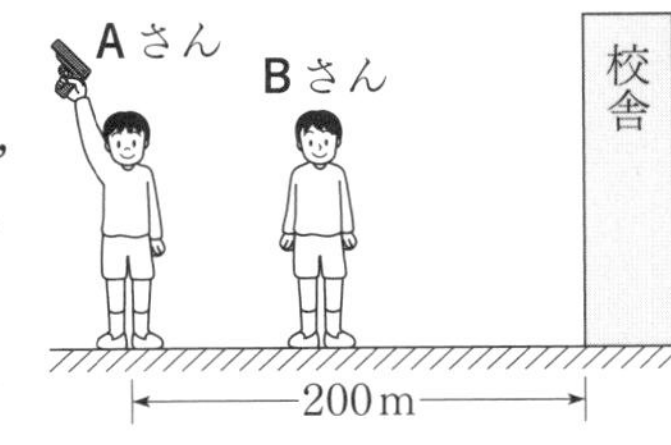

（　　　　）

4 ［音の性質］音の大きさや高さは振幅や振動数に関係があると考え，次の実験を行った。**あとの問いに答えなさい。**〔秋田〕

〔実験〕 **図1**のように，モノコードの駒をAに置き，駒とF点の中間で弦を強くはじいたり弱くはじいたりして，音の大きさや高さをコンピュータで調べた。また，駒をBに置き，同様に調べた。

図1

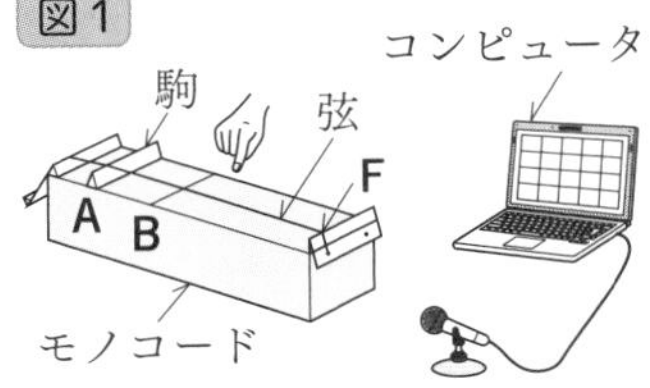

〔結果〕 **図2**～**図4**のようになった。ただし，左右方向は時間を，上下方向は振幅を表しており，**図2**～**図4**の目盛りのとり方はすべて同じである。

図2
駒をAに置き
弱くはじいたとき

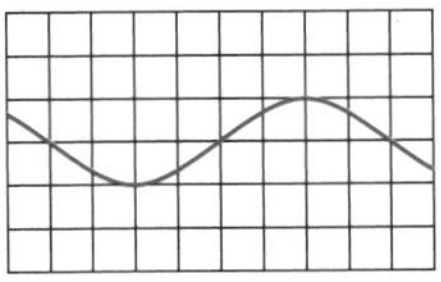

図3
駒をAに置き
強くはじいたとき

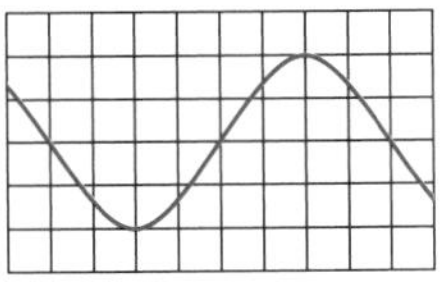

図4
駒をBに置き
強くはじいたとき

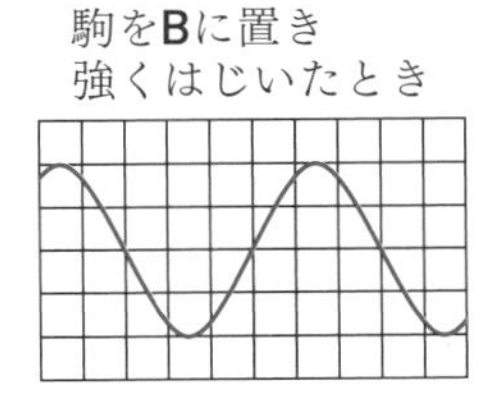

〔考察〕 **図2**と**図3**を比べると，**図3**のほうが振幅が大きいため，大きい音が出たことがわかる。また，**図3**と**図4**を比べると，（ X ）のほうが単位時間あたりの Y ため，高い音が出たことがわかる。

差がつく □(1) **図2**と**図3**の振幅の比はいくらか，最も簡単な整数比で書きなさい。（10点）（　　　　）

□(2) 考察が正しくなるように，Xには「**図3**」か「**図4**」のいずれかを，Yにはあてはまる内容を，それぞれ書きなさい。（10点×2） X（　　　　） Y（　　　　）

作図問題にチャレンジ

右の図で，物体の先端から出た光線Aは，レンズを通過後どのように進むか，**作図しなさい。**ただし，作図に用いた線は残しておきなさい。

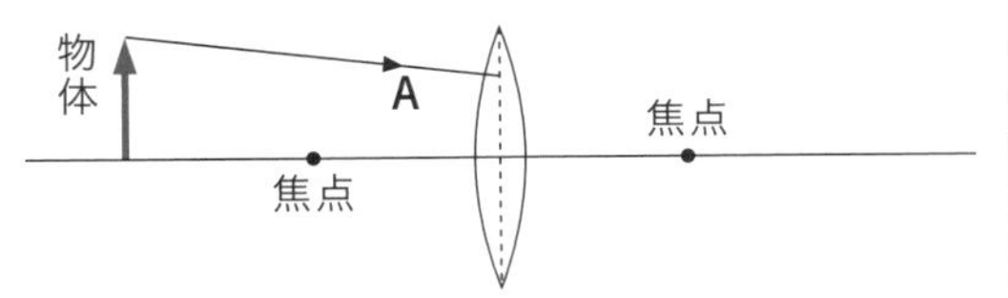

Check Points
3 音の伝わる速さ〔m/s〕＝距離〔m〕÷時間〔s〕
4 振動数〔Hz〕とは，音源が1秒間に振動する回数のこと。

月　日

入試重要度 A **B** C

力の表し方とつりあい

時間 **40**分　合格点 **80**点

得点　　点

解答➡別冊 p.2

1 ［はたらき合う力］磁石にはたらく力を調べた次の実験について，**あとの問いに答えなさい。**（8点×3）〔宮城－改〕

〔実験〕　質量が40gで，形や大きさ，磁力が等しく，2つの平らな面がそれぞれN極とS極になっている円盤型の磁石**A**，**B**，**C**を用意した。**図1**のように，ガラスの水平な台の上に円柱形のガラスの筒を垂直に立て，磁石**A**の上に磁石**B**が浮いて静止するように入れた。また，**図2**のように，**図1**の磁石**B**の上に，磁石**C**が浮いて静止するように入れたところ，磁石**B**が動き，**図1**に比べて，磁石**A**と磁石**B**の間隔が狭くなった。**図1**，**図2**は，それらを真横から見たものである。ただし，100gの物体にはたらく重力の大きさを1Nとし，磁石とガラスとの間に摩擦力ははたらかないものとする。

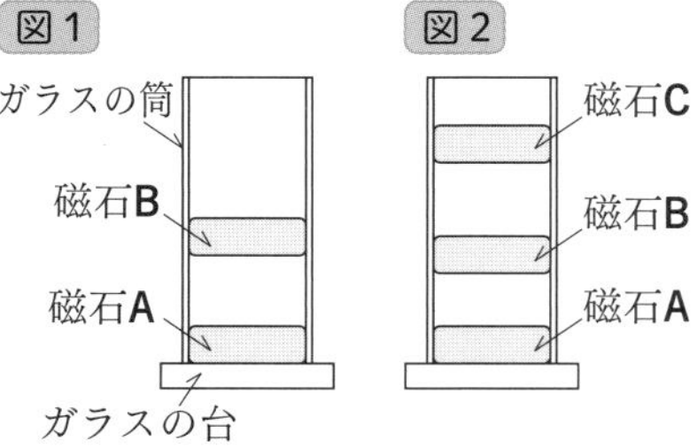

□(1) 地球上の物体が，地球から受けている引っ張る力を何といいますか。（　　　　）

□(2) **図1**で，磁石**B**が磁石**A**から受ける力を，右の図に力の矢印で表しなさい。ただし，図の点**P**をこの力の作用点として矢印を描くものとし，図の1目盛りは0.1Nの力の大きさを表すものとします。

P
磁石B

□(3) **図2**で，磁石**A**，**B**，**C**の極の向きについて正しく述べているものを，次の**ア**～**エ**から1つ選び，記号で答えなさい。（　　　）

ア　磁石**A**，**B**，**C**の極の向きはすべて同じである。

イ　磁石**A**の極の向きだけが逆である。　**ウ**　磁石**B**の極の向きだけが逆である。

エ　磁石**C**の極の向きだけが逆である。

2 ［力のつりあい］水平な床の上に置かれて静止している物体**a**がある。**次の問いに答えなさい。**（10点×2）〔高知－改〕

□(1) **図1**は，物体**a**と床のそれぞれにはたらく力を表したものである。図中の*A*，*B*，*C*の矢印は，床が物体**a**をおす力，物体**a**が床をおす力，物体**a**にはたらく重力のいずれかである。次の文の□にあてはまる力として正しいものを，*A*～*C*から2つ選び，記号で答えなさい。

力のつりあいの関係である2つの力は□である。（　　・　　）

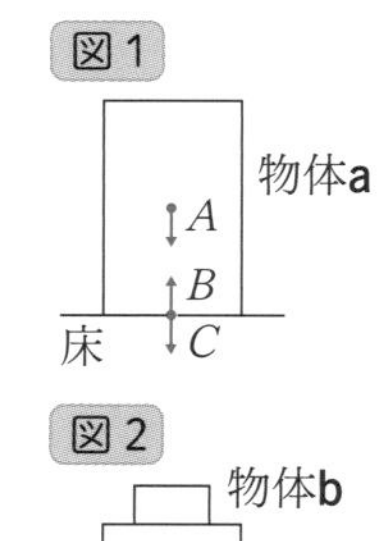

重要 □(2) **図2**のように，物体**a**の上に質量50gの物体**b**を重ねて置いた。このとき，床が物体**a**をおす力の大きさは5Nであった。物体**a**の質量は何gですか。ただし，100gの物体にはたらく重力の大きさを1Nとします。（　　　　）

Check Points

1 磁石は同じ極どうしでは反発し，異なる極どうしでは引き合う。

2 (2)物体aと物体bをあわせて1つの物体とみなして考える。

入試攻略Points
(→別冊 p.2)

❶力の種類とはたらき方を理解し，力を矢印で表すことができるようにしよう。
❷ばねの伸びとばねにはたらく力の大きさの関係を理解し，計算できるようにしよう。
❸物体の質量と重さの違い（ちがい）を理解しよう。

3 **［力の大きさとばねの伸（の）び］** 右のグラフは，同じばねに 100 g のおもり **A**，150 g のおもり **B** をそれぞれつるしたときのばねの伸びとおもりの個数の関係を表したものである。**次の問いに答えなさい。** ただし，(2)の x，y の値（あたい）はともに 1 以上とします。

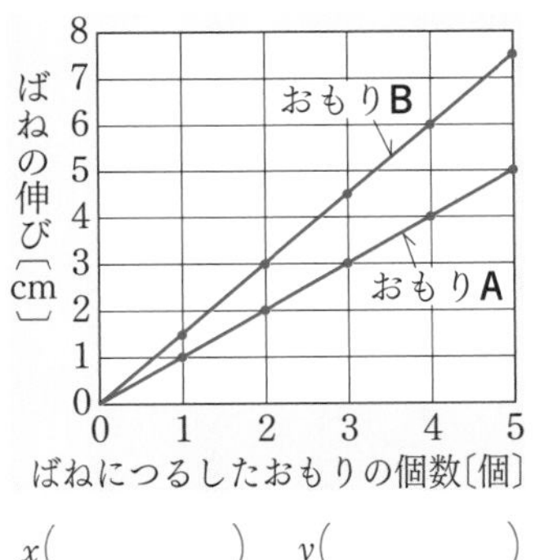

□(1) ばねの伸びは，ばねにはたらく力の大きさに比例する。この法則を何といいますか。(8 点)　(　　　　　　　)

□(2) おもり **A** を x 個，おもり **B** を y 個ばねにつるすと，ばねの伸びは 5 cm になった。x，y の値をそれぞれ求めなさい。(10 点×2)　x(　　　　)　y(　　　　)

4 **［重力と質量］** ばねとてんびんを用い，物体の質量や物体にはたらく力を測定する実験を行った。**図 1** は，実験で用いたばねを引く力の大きさとばねの伸びの関係を表しており，実験で用いたてんびんは，支点から糸をつるすところまでの長さが左右で等しい。この実験について，**あとの問いに答えなさい。** ただし，ばねと糸の質量や体積は考えないものとし，質量 100 g の物体にはたらく重力の大きさを 1 N とします。〔福島－改〕

図 1

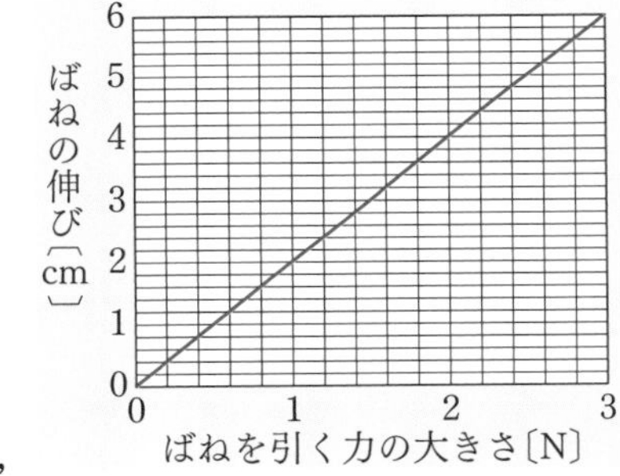

〔実験〕 **図 2** のように，てんびんの左側にばねと物体 **A** をつるし，右側に質量 270 g のおもり **X** をつるしたところ，てんびんは水平につりあった。

図 2

てんびん
ばね
物体A
おもりX

□(1) このとき，ばねの伸びは何 cm になりますか。(8 点)　(　　　　　)

(2) 月面上でこの実験を行うことを考える。ただし，月面上で物体にはたらく重力の大きさは地球上の 6 分の 1 であるとする。

★重要 □① このとき，ばねの伸びはどうなるか，次の **ア**～**ウ** から 1 つ選び，記号で答えなさい。(10 点)　(　　　)

ア 地球上の 6 倍　**イ** 地球上と同じ　**ウ** 地球上の 6 分の 1

□② このとき，てんびんはどうなるか，次の **ア**～**ウ** から 1 つ選び，記号で答えなさい。(10 点)　(　　　)

ア 物体 **A** のほうに傾（かたむ）いている。

イ おもり **X** のほうに傾いている。　**ウ** 水平につりあっている。

記述問題にチャレンジ

2 力がつりあうための 3 つの条件を書きなさい。〔　　　　　　　　　　　〕

Check Points

3 おもりの個数が 2 倍，3 倍，…となると，それにともなってばねの伸びも 2 倍，3 倍，…となる。

4 重さははかる場所で値が異なり，月面上では地球上のおよそ 6 分の 1 になる。

入試重要度 A B C

物質とその性質

時間 40分　合格点 80点　得点　　点

解答⇨別冊 p.3

1 ［ガスバーナーの使い方］ガスバーナーの使い方について，**次の問いに答えなさい。**

(8点×2)〔島根－改〕

★重要 □(1) 右の図のガスの元栓(もとせん) **c** や，ガスバーナーの **a** のねじ(上のねじ)，**b** のねじ(下のねじ)が閉まっていることを確認してから，ガスバーナーに火をつけるための操作を①～④に示した。安全に注意しながら火をつけるときどのような順序がよいか，あとの**ア**～**エ**から1つ選び，記号で答えなさい。（　　）

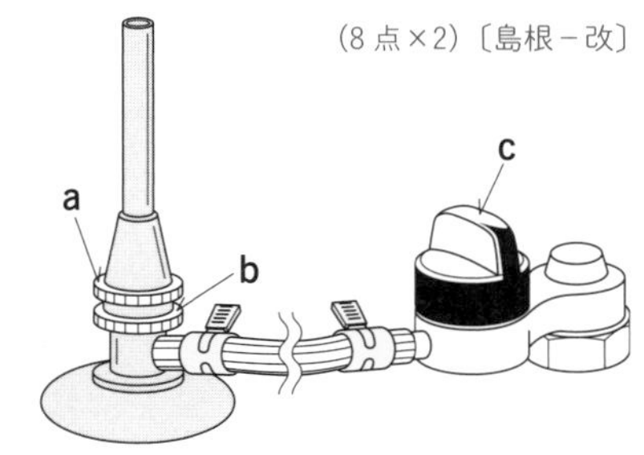

〔操作〕 ① マッチに火をつける。
② ガスバーナーの **b** のねじ(下のねじ)を開ける。
③ ガスの元栓 **c** を開ける。
④ 出ているガスに火をつける。

ア ①→③→④→②　　**イ** ③→①→②→④
ウ ①→②→③→④　　**エ** ③→②→①→④

□(2) (1)のようにして点火したところ，炎(ほのお)の色がオレンジ色であった。青色の安定した炎にするにはどうすればよいか，次の**ア**，**イ**から1つ選び，記号で答えなさい。（　　）

ア **a** をおさえて，**b** を少しずつ開く。　　**イ** **b** をおさえて，**a** を少しずつ開く。

2 ［状態変化］花子さんは，ロウが状態変化するときの体積と質量の関係について，次のようにして調べた。

図1のように，ビーカーに入れた液体のロウの液面の高さに印をつけ，液体のロウとビーカーをあわせた質量をはかった。<u>この液体のロウを冷やすと，すべてのロウが固体になった</u>。この固体になったロウとビーカーをあわせた質量をはかったあとに，ロウの表面のようすを観察した。**次の問いに答えなさい。**〔愛媛〕

□(1) 下線部で，すべてのロウが固体になったときのロウの断面のようすを模式的に表しているものとして，最も適当なものを**図2**の**ア**～**エ**から1つ選び，記号で答えなさい。(8点)

（　　）

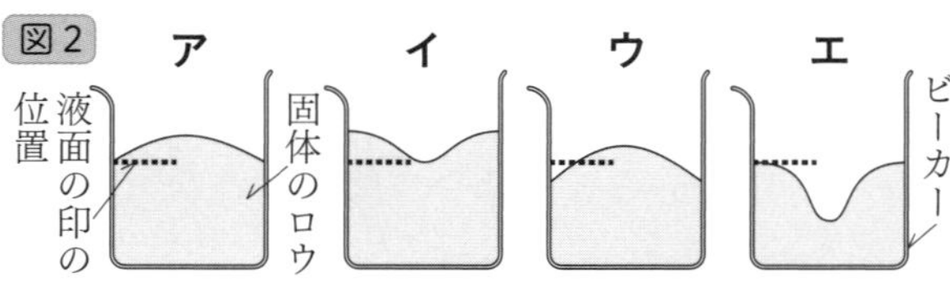

差がつく □(2) 下線部で，ロウが液体から固体になったとき，ロウの質量と密度はどうなったか，それぞれ「大きくなった」，「小さくなった」，「変わらなかった」のいずれかの言葉で書きなさい。(10点×2)

質量（　　　　　）　密度（　　　　　）

Check Points
1 マッチに火をつけてからガス調節ねじを開く。空気が不足していると炎がオレンジ色になる。
2 密度は，質量が一定のとき体積の大きさに反比例する。

入試攻略Points
(→別冊 p.3)

❶実験器具の名称(めいしょう)や操作のしかたを身につけておこう。
❷物質は温度により状態変化をし，その体積は変わるが質量は変わらない。
❸密度は物質特有の値(あたい)で，物質を区別する手がかりになることを理解しておこう。

3［密 度］メスシリンダーと上皿てんびんを用いて，液体**A**～**E**の体積とその質量を調べた。**次の問いに答えなさい。**（8点×3）〔青森－改〕

□(1) 物体の質量をはかるときの上皿てんびんの使い方について説明した次の**ア**～**エ**の文のうち，正しいものはどれか，すべて選び，記号で答えなさい。（　　　　）

ア 分銅は，ピンセットを用いて取り扱(あつか)う。

イ 分銅は少し重いと思われるものから皿にのせ，重すぎたらその次の軽い分銅に変える。

ウ 針が目盛りの中央で左右に等しく振(ふ)れていても，つりあっていると判断する。

エ 使い終わったら，皿はそのまま左右のうでにそれぞれ1枚ずつのせておく。

差がつく □(2) **図1**は，**A**をメスシリンダーに入れたときの液面付近のようすを拡大したものである。体積はいくらになるか，次の**ア**～**エ**から1つ選び，記号で答えなさい。（　　　　）

ア 50.0 cm^3　**イ** 50.2 cm^3

ウ 51.0 cm^3　**エ** 51.2 cm^3

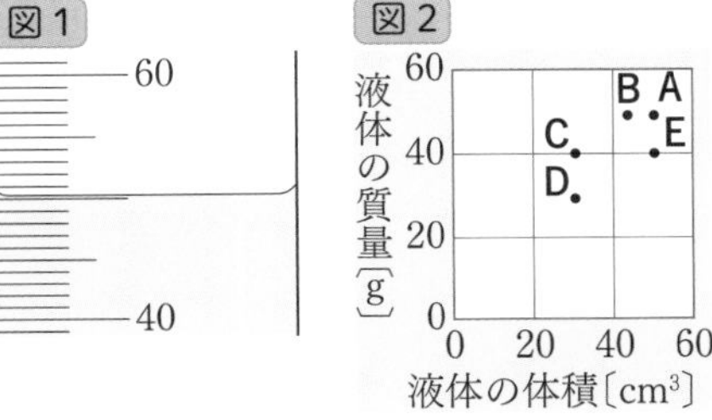

□(3) **図2**は，**A**～**E**の体積と質量の関係をグラフに表したもので，**B**～**E**の中に**A**と同じ密度の液体が1つあった。それはどれか，**B**～**E**から1つ選び，記号で答えなさい。（　　　　）

4［物質の性質］粉末**X**，**Y**，**Z**は，食塩，砂糖，デンプンのいずれかである。これらの水への溶(と)け方を調べたところ，**X**と**Z**は溶けたが**Y**は溶けなかった。また，アルミニウムはくの容器に入れて加熱したところ，**X**と**Y**はこげたが**Z**には変化が見られなかった。**次の問いに答えなさい。**〔秋田－改〕

□(1) 水への溶け方を調べるとき，試験管の持ち方として最も適切なものはどれか，右の図の**ア**～**エ**から1つ選び，記号で答えなさい。（8点）（　　　　）

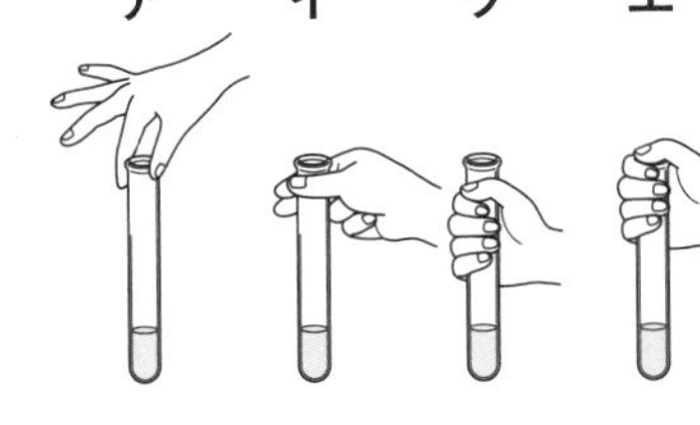

□(2) 粉末**X**と粉末**Y**のように，加熱するとこげる物質を一般(いっぱん)に何といいますか。（8点）（　　　　）

□(3) 粉末**X**と粉末**Z**はそれぞれ何か，書きなさい。（8点×2）

粉末**X**（　　　　）　粉末**Z**（　　　　）

記述問題にチャレンジ

試験管やフラスコに入れた液体を加熱するとき，**沸騰石(ふっとうせき)を入れる理由を簡潔に書きなさい。**〔　　　　〕

Check Points

3 (3)グラフで，原点と点Aを結ぶ。この直線上にある点は，Aと密度が同じである。

4 食塩は加熱してもこげない。無機物である。

入試重要度 A B C

気体と水溶液

時間 40分　合格点 80点　得点　点

解答➡別冊 p.3

1 [気体の性質] 酸素，アンモニア，水素，二酸化炭素のいずれかであることがわかっている4つの気体A，B，C，Dがある。これらの気体を使って，次の順序で実験を行った。**あとの問いに答えなさい。**（7点×6）〔山梨－改〕

〔実験1〕 においを調べたところ，気体Aだけに刺激臭(しげきしゅう)があり，ほかの気体は無臭だった。

〔実験2〕 水にBTB液を加え緑色にした水溶液(すいようえき)が入っている3本の試験管に，気体B，C，Dを別々に吹(ふ)きこんだところ，気体Bを吹きこんだものだけに色の変化が見られた。

〔実験3〕 試験管に気体Cをとり，試験管の口にマッチの炎(ほのお)を静かに近づけたところ，気体Cは音を立てて燃えた。

〔実験4〕 試験管に気体Dをとり，火のついた線香(せんこう)を入れたところ線香は炎を出して燃えた。

(1) 気体Aを集めるとき，

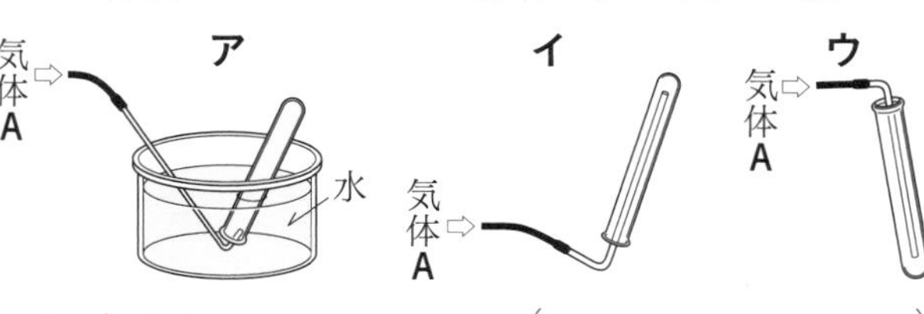

□① その方法として最も適当なものを右のア～ウから1つ選び，記号で答えなさい。（　　）

□② ①で選んだ気体を集める方法を何といいますか。（　　　　）

□③ ①の方法を選んだ理由を，気体Aの性質から簡単に書きなさい。

（　　　　　　　　　　）

□(2) 実験2で，気体Bを吹きこんだあと，水溶液は何色に変化したか，次の**ア**～**エ**から1つ選び，記号で答えなさい。（　　）

ア 黄色　**イ** 赤色　**ウ** 青色　**エ** 無色

★重要 (3) 気体Dについて，

□① 気体Dは何か，名称(めいしょう)を書きなさい。（　　　　）

□② 気体Dが発生する反応として正しいものを，次の**ア**～**オ**からすべて選び，記号で答えなさい。（　　　　）

ア 酸化銀を加熱する。　**イ** 炭酸水素ナトリウムを加熱する。

ウ 亜鉛(あえん)にうすい塩酸を加える。　**エ** 石灰石(せっかいせき)にうすい塩酸を加える。

オ 二酸化マンガンにオキシドール(うすい過酸化水素水)を加える。

差がつく □ **2** [濃(のう)　度(ど)] 右の図のように，85 g の水に15 g の食塩を溶(と)かした食塩水Aと，質量パーセント濃度5％の食塩水Bが150 g ある。この2つの食塩水Aと食塩水Bをすべて混ぜ合わせて食塩水Cをつくった。**混ぜ合わせてできた食塩水Cの質量パーセント濃度は何％ですか。**（10点）（　　　　）

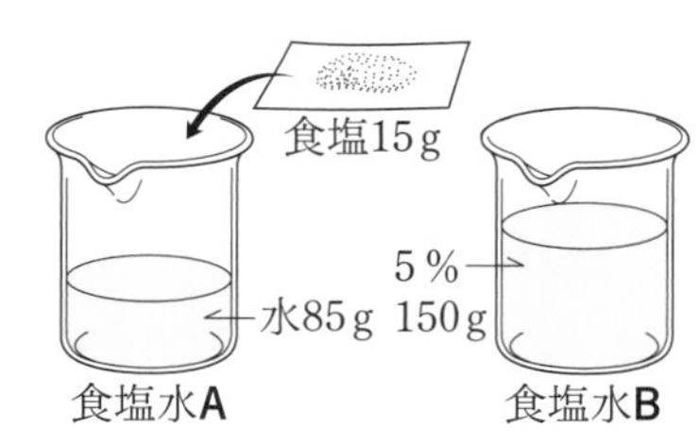

✔ Check Points

1 (1)気体Aは「刺激臭がある」，気体Dは「線香が炎を出して燃えた」が着眼点となる。

2 食塩水Bに含(ふく)まれる食塩の量をまず求める。

入試攻略Points
（→別冊 p.4）

❶代表的な気体の性質とその発生方法はしっかりと整理・暗記しておこう。
❷質量パーセント濃度を求める公式を使いこなせるようにしておこう。
❸溶解度を表すグラフの読みとりができるようにしておこう。

3［溶解度］A～Eのラベルを貼ったビーカーに，25℃の水を100gずつ入れた。これらのビーカーに，それぞれ10g，20g，30g，40g，50gの硝酸カリウムの結晶を入れ，よくかき混ぜて溶け残る結晶の有無を調べた。表はその結果をまとめたものである。結晶を溶かす操作中に水の温度は変化しないものとする。また，**図1**は，水の温度と100gの水に溶ける硝酸カリウムの質量との関係を表したグラフである。**次の問いに答えなさい。**〔岡山－改〕

図1

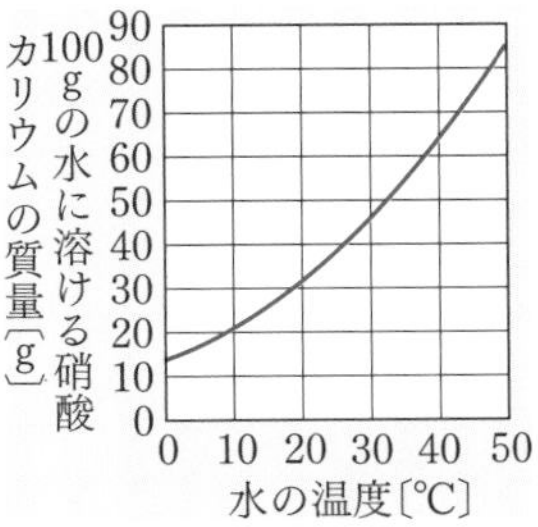

100gの水に溶ける硝酸カリウムの質量〔g〕
0 10 20 30 40 50 60 70 80 90
0 10 20 30 40 50
水の温度〔℃〕

□(1) **図2**は，水温を25℃に保ち数時間静かに置いたビーカーAである。a～cの部分の水溶液の濃さを説明しているものを，次の**ア～エ**から1つ選び，記号で答えなさい。(7点)　(　　　)

図2

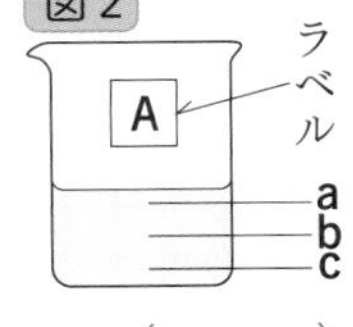

ビーカー	A	B	C	D	E
入れた硝酸カリウムの質量〔g〕	10	20	30	40	50
溶け残った結晶の有無	なし	なし	なし	あり	あり

ア　aの部分が最も濃い。　**イ**　bの部分が最も濃い。
ウ　cの部分が最も濃い。　**エ**　どの部分も濃さは同じ。

□(2) D，Eのビーカー内に溶け残った結晶を，水溶液と分けるのに適する操作を何といいますか。(7点)　(　　　　　)

差がつく □(3) BとCのビーカーに温度計を入れ，氷水に同時につけて冷やすと，結晶がはやく観察されるビーカーは，B，Cのどちらですか。理由も簡潔に書きなさい。(10点×2)
ビーカー(　　　)　理由(　　　　　　　　　　　　　　　)

□**4**［水溶液の性質］4本の試験管A～Dのいずれかに，うすい塩酸，食塩水，うすい水酸化ナトリウム水溶液，アンモニア水が入っている。試験管A～Dから水溶液を少量ずつ，別々の蒸発皿にとり加熱した。また，試験管A～Dに残っている水溶液にフェノールフタレイン液を加えた。表はその結果を示したものである。**試験管BとDの水溶液の溶質名を書きなさい。**(7点×2)〔山梨－改〕

B(　　　　　　)
D(　　　　　　)

	加熱後の蒸発皿の中のようす	フェノールフタレイン液を加えたときの水溶液の色
A	何も残らない	赤色を示す
B	固体が残る	変化しない
C	固体が残る	赤色を示す
D	何も残らない	変化しない

記述問題にチャレンジ

食塩水から食塩を結晶としてとり出すとき，食塩水の温度を下げる方法では効率よくとり出すことはできない。**その理由を「食塩の溶解度」という語句を用いて説明しなさい。**
〔　　　　　　　　　　　　〕

Check Points
3 (3)BとCのどちらのビーカーの水溶液のほうに多くの硝酸カリウムが溶けているかを考える。
4 溶質が気体の場合，加熱したあとの蒸発皿には何も残らない。

入試重要度 A B C

電流とそのはたらき

時間 40分　合格点 80点　得点　　点

解答➡別冊 p.4

月　日

1［静電気］Eさんは，**図1**のように乾いた綿布で2本のプラスチックのストローA，Bを摩擦し，このときに起こる電気の性質について調べた。ただし，電気には＋(正)と−(負)の2種類がある。**次の問いに答えなさい。**〔山口－改〕

図1

図2

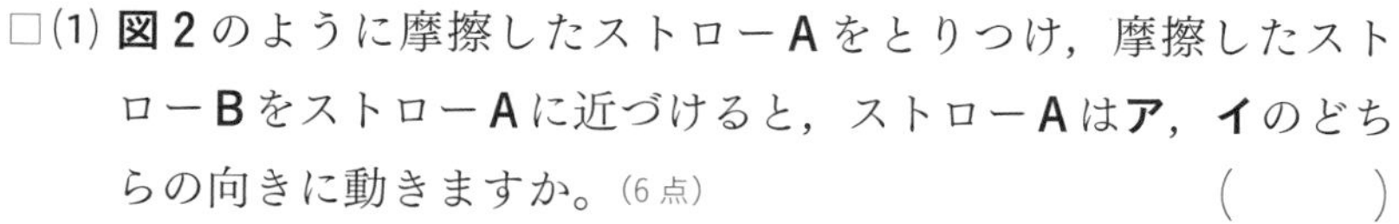

□(1) **図2**のように摩擦したストローAをとりつけ，摩擦したストローBをストローAに近づけると，ストローAは**ア**，**イ**のどちらの向きに動きますか。(6点)　(　　)

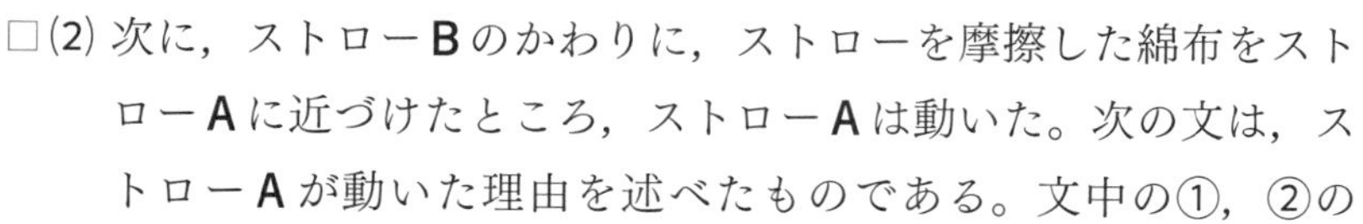

□(2) 次に，ストローBのかわりに，ストローを摩擦した綿布をストローAに近づけたところ，ストローAは動いた。次の文は，ストローAが動いた理由を述べたものである。文中の①，②の(　)にあてはまる語句を，それぞれ1つずつ選び，記号で答えなさい。(6点×2)

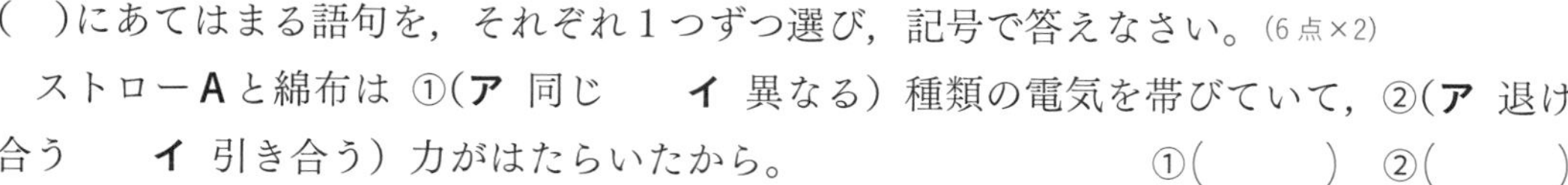

ストローAと綿布は ①(**ア** 同じ　**イ** 異なる) 種類の電気を帯びていて，②(**ア** 退け合う　**イ** 引き合う) 力がはたらいたから。　①(　　)　②(　　)

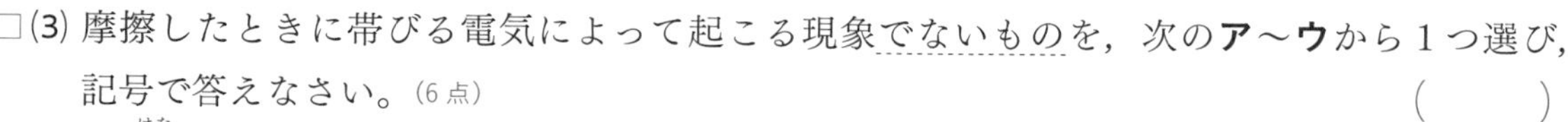

□(3) 摩擦したときに帯びる電気によって起こる現象でないものを，次の**ア**～**ウ**から1つ選び，記号で答えなさい。(6点)　(　　)

ア 離して置いたおんさの一方をたたくと，他方のおんさも鳴り出した。

イ プラスチックの下じきで髪をこすると，下じきに髪が引きつけられた。

ウ 空気の乾燥した日にセーターをぬぐと，パチパチと音がした。

2［回　路］**図1**の回路で，豆電球に加わる電圧と回路に流れる電流を測定した。スイッチを入れたとき，電圧計と電流計の針は，それぞれ**図2**の目盛りをさした。**次の問いに答えなさい。**(7点×4)〔鹿児島－改〕

図1

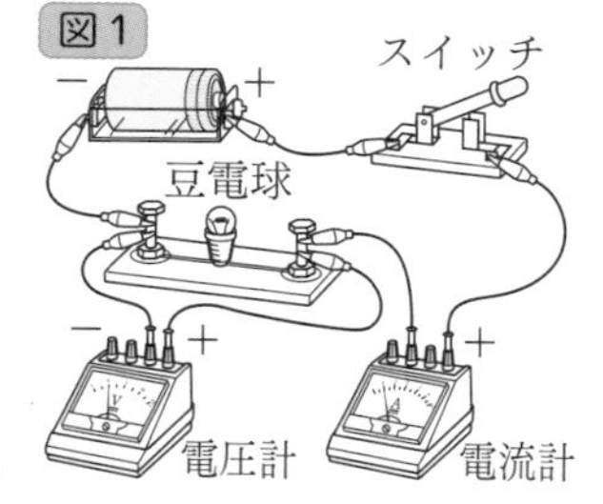

図2

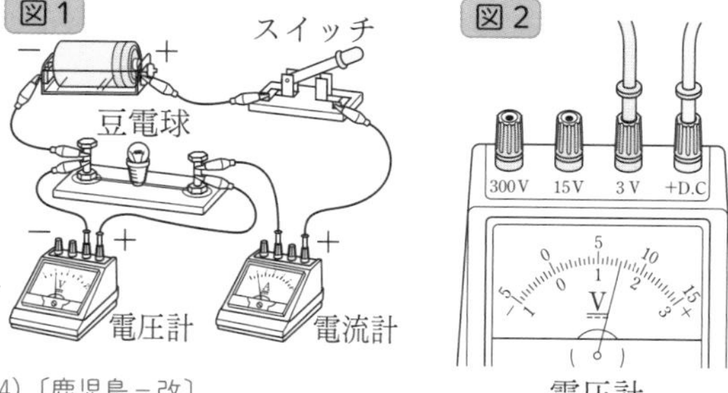

□(1) **図3**は，**図1**の回路を回路図に表している途中の図である。この回路図を完成しなさい。

図3

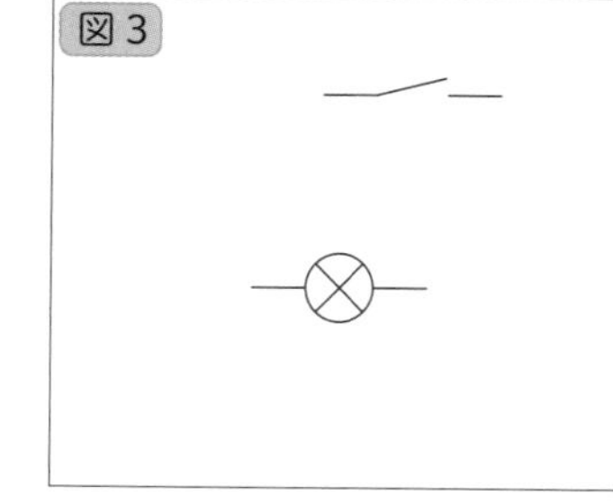

□(2) このとき，回路に流れる電流は何mAですか。(　　)

★重要 □(3) このとき，豆電球の抵抗は何Ωですか。(　　)

□(4) このとき，豆電球の消費する電力は何Wですか。(　　)

✔ Check Points
1 摩擦によって生じる電気を静電気という。＋と－の2種類あり，それぞれの間に力がはたらく。
2 電流，電圧，抵抗の間には，電流〔A〕＝電圧〔V〕÷抵抗〔Ω〕の関係がある。

入試攻略Points
(→別冊 p.5)

❶直列回路と並列回路における電流と電圧の関係を理解しよう。
❷オームの法則を使い，回路の電圧，電流，抵抗を計算できるようにしておこう。
❸電力，電力量，熱量の意味を理解し，公式を使いこなせるようにしておこう。

3［直列回路・並列回路］**図1**のような回路を使い，2本の電熱線**a**と電熱線**b**のそれぞれについて，電熱線の両端(りょうたん)に加わる電圧と回路を流れる電流を測定し，その結果をグラフにしたところ，**図2**のような結果になった。**次の問いに答えなさい。**(7点×3)〔新潟〕

図1
スイッチ
電源装置
電流計
電圧計
電熱線

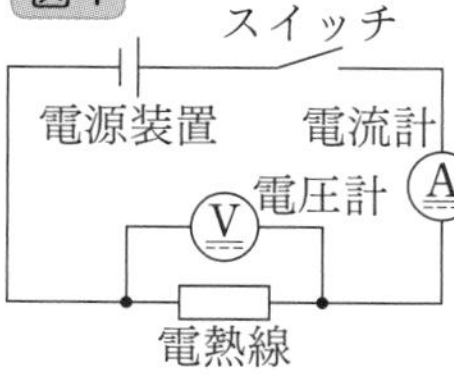

図2
電流〔A〕 0.30 0.25 0.20 0.15 0.10 0.05 0
電圧〔V〕 0 1 2 3 4 5
電熱線b
電熱線a

図3
スイッチ
電源装置
電流計
電圧計
電熱線a 電熱線b

図4
スイッチ
電源装置
電流計
電熱線a
電熱線b
電圧計

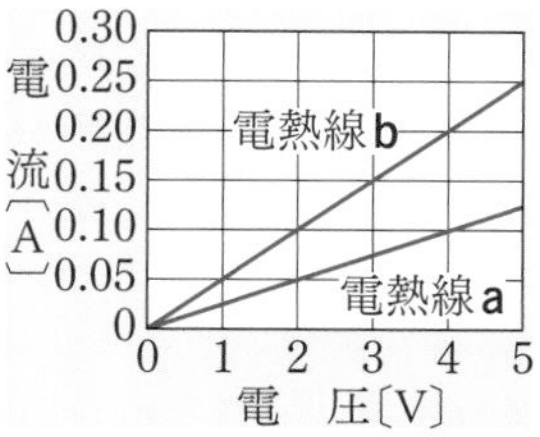

□(1) 電熱線**a**の電気抵抗は何Ωですか。 (　　　　)

重要 □(2) 電熱線**a**，電熱線**b**を用いて，**図3**の回路をつくり，スイッチを入れたところ，電流計は0.10 Aを示した。このとき，回路の電圧計は何Vを示しますか。 (　　　　)

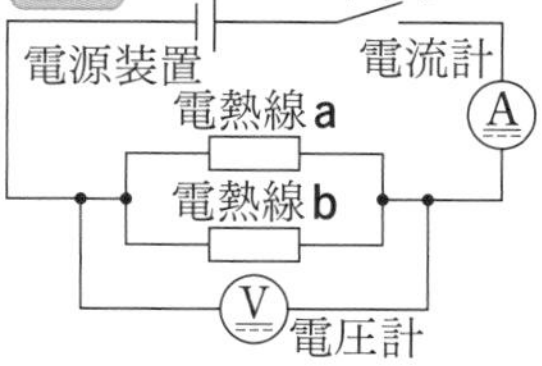

重要 □(3) 電熱線**a**，電熱線**b**を用いて，**図4**の回路をつくり，スイッチを入れたところ，電圧計は4Vを示した。このとき，回路の電流計は何Aを示しますか。 (　　　　)

4［熱　量］右の図のように，100 gの水を入れた熱を伝えにくい容器**A**，**B**と，抵抗の大きさが異なる2種類の電熱線**a**，**b**を準備し，容器**A**には電熱線**a**，容器**B**には電熱線**b**を入れ，これらの電熱線と電流計，電圧計をつないで回路をつくった。次に，電熱線に電流を流して，2つの容器の水の温度を1分ごとに調べた。この間，電圧計は6Vを，電流計は2.5 Aを示していた。表はその結果をまとめたものである。**次の問いに答えなさい。**〔奈良－改〕

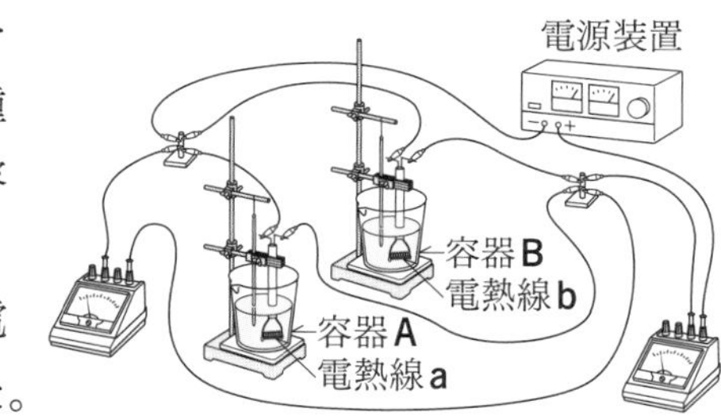

電流を流した時間〔分〕	0	1	2	3	4	5
容器**A**の水の温度〔℃〕	14.4	15.2	16.0	16.8	17.6	18.4
容器**B**の水の温度〔℃〕	14.4	15.6	16.8	18.0	19.2	20.4

□(1) 図のような回路では，全体の抵抗の大きさは何Ωになりますか。(6点) (　　　　)

差がつく □(2) 電流を流し始めてから8分後には，容器**A**，**B**の水の温度はそれぞれ何℃になると考えられますか。(7点×2) 容器**A**(　　　　) 容器**B**(　　　　)

□(3) 電熱線**b**のほうが流れる電流が大きかったと考えられるが，その理由を書きなさい。(7点)
(　　　　)

記述問題にチャレンジ

電熱線にかかる電圧が一定のとき，**電熱線の消費電力と抵抗の大きさの間には，どのような関係がありますか。**〔　　　　〕

Check Points
3 (2)電熱線aにかかる電圧と，電熱線bにかかる電圧の和が電源の電圧になる。
4 (2)容器Aでは，4分後には水の温度は3.2℃上昇(じょうしょう)していることを表から読みとる。

入試重要度 A **B** C

電流と磁界

時間 **40**分
合格点 **80**点
得点　　　　点

解答⇨別冊 p.5

★重要 □ **1** ［電流と磁界］導線やコイルに電流を流すと，これらのまわりに磁界ができる。**図 1**，**図 2** のように磁針を置き，矢印の向きに電流を流すと，磁針の針は，それぞれどの方向を向いて止まるか。**右のア〜エからそれぞれ 1 つずつ選び，記号で答えなさい。**（8 点×2）〔和歌山〕

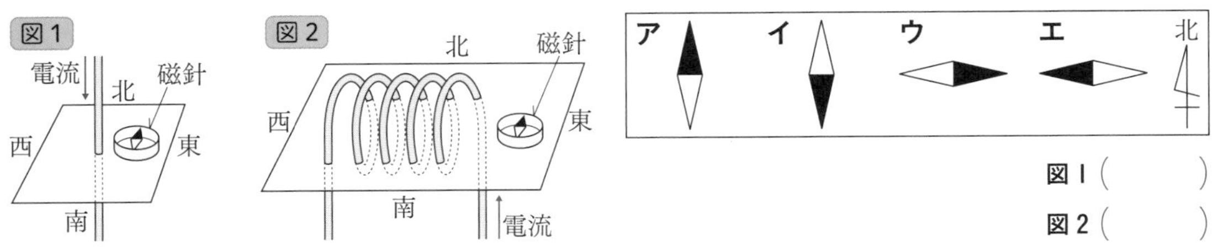

図 1（　　　）

図 2（　　　）

2 ［電流が磁界から受ける力］エナメル線を数回巻いたコイルをつくり，**図 1** のような装置を組んだ。コイルに一定の大きさの電圧をかけると，端子（たんし）**A** から端子 **B** の向きに電流が流れ，コイルが連続して回転した。**図 2** は，**図 1** のコイルを，端子 **A** 側から見た模式図であり，コイルに，端子 **A** から端子 **B** の向きに電流が流れると，矢印の向きに力がはたらくことを示している。**次の問いに答えなさい。**（10 点×4）〔山口－改〕

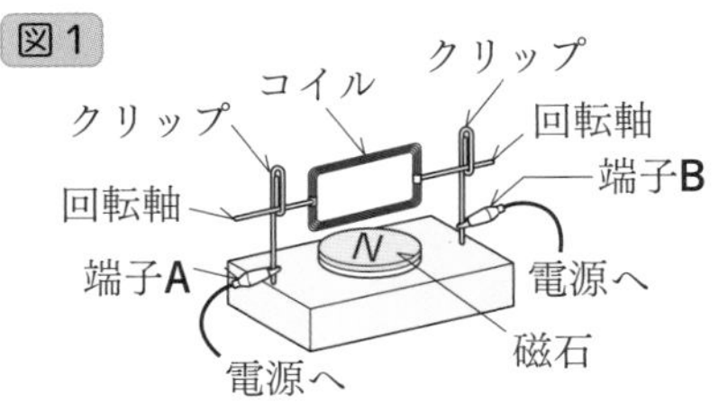

〔コイルを連続して回転させるため，回転軸になる部分の一方は，エナメルを全部はがし，もう一方は，半分だけはがしている。〕

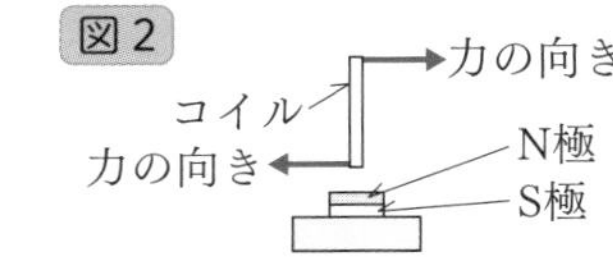

〔端子A側から見た模式図〕

□(1) 流れる向きが一定で変わらない電流を何といいますか。

（　　　）

差がつく □(2) 電流の向きを，端子 **B** から端子 **A** の向きに変えると，コイルにはたらく力の向きはどのようになるか，次の**ア〜エ**から 1 つ選び，記号で答えなさい。（　　　）

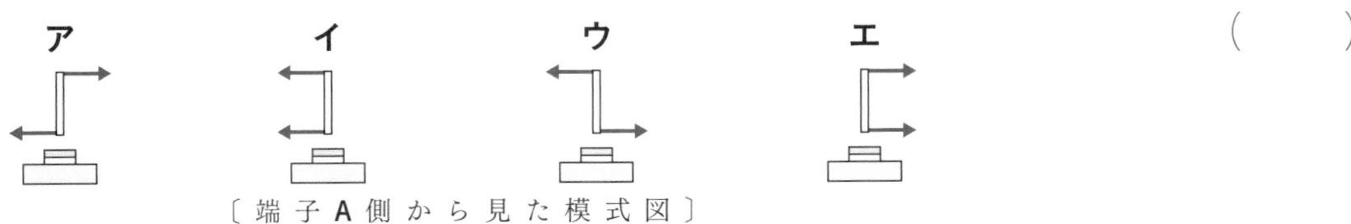

〔端子 A 側から見た模式図〕

□(3) **図 1** のコイルにはたらく力を大きくする操作として適切なものを，次の**ア〜エ**から 1 つ選び，記号で答えなさい。ただし，コイルにかかる電圧は変わらないものとします。（　　　）

ア 電気抵抗（ていこう）の大きいエナメル線でつくったコイルに変える。

イ コイルのエナメル線の巻数を少なくする。

ウ 磁石を裏返して S 極を上に向ける。　**エ** 磁石をより磁力の大きい磁石に変える。

□(4) **図 1** の装置において，電源と端子 **A** の間に電熱線をつないだところ，コイルの回転の速さがおそくなった。その理由を書きなさい。

（　　　　　　　　　　）

Check Points

1 図 1 では「右ねじの法則」，図 2 では「右手の法則」を利用する。

2 (2)コイルに流れる電流の向きが，図 2 とは逆向きになっていることに着眼する。

入試攻略Points (→別冊 p.6)

❶導線やコイルに流した電流の向きと，そのときできる磁界の向きの関係を理解しよう。
❷電流が磁界から力を受けるときの，電流・磁界・力の関係を整理しておこう。
❸電磁誘導が起こる条件，誘導電流の向きや大きさについてしっかり理解しておこう。

3 ［電磁誘導］コイルと棒磁石を用いて電磁誘導について調べた。**次の問いに答えなさい。**（8点×3）〔徳島－改〕

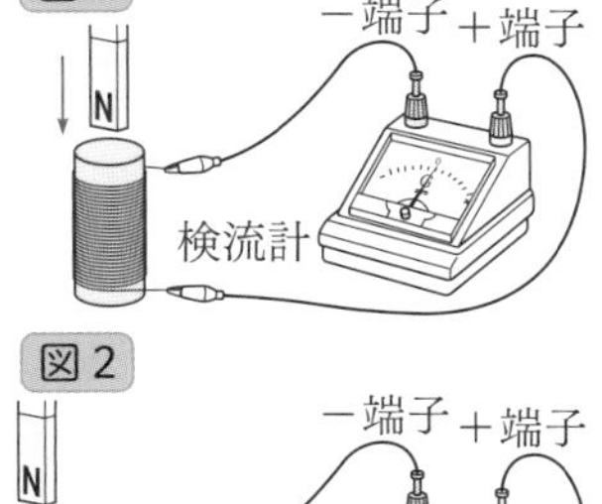

(1) **図1**のように，コイルに棒磁石のN極を矢印の向きに入れると，検流計の針が右に振れた。これに続けて，次の操作①，②を行うと，それぞれの操作で検流計の針はどうなるか，あとの**ア**～**ウ**から1つずつ選び，記号で答えなさい。

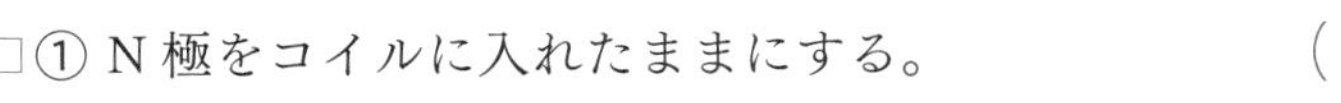

□① N極をコイルに入れたままにする。（　　）

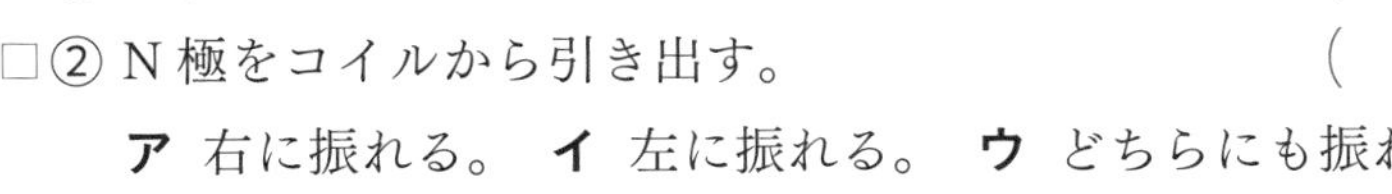

□② N極をコイルから引き出す。（　　）

ア 右に振れる。　**イ** 左に振れる。　**ウ** どちらにも振れない。

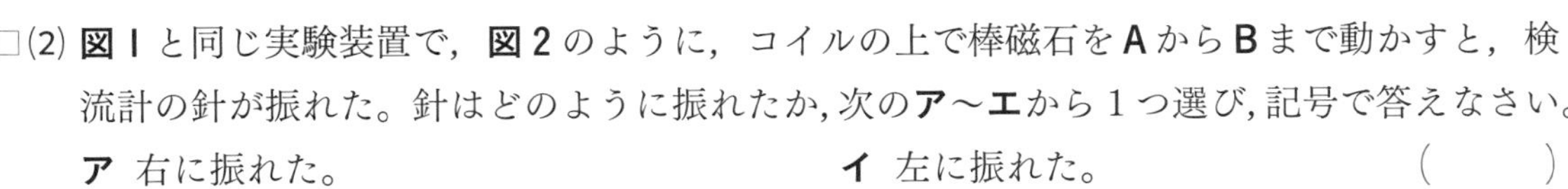

□(2) **図1**と同じ実験装置で，**図2**のように，コイルの上で棒磁石を**A**から**B**まで動かすと，検流計の針が振れた。針はどのように振れたか，次の**ア**～**エ**から1つ選び，記号で答えなさい。

ア 右に振れた。　**イ** 左に振れた。（　　）
ウ 最初右に振れ，途中から左に振れた。　**エ** 最初左に振れ，途中から右に振れた。

4 ［電磁誘導］**図1**のような装置をつくり，棒磁石のN極をコイル**A**の左側から入れ，コイル**A**の中で静止させたところ，検流計の指針は，はじめ右に振れ，その後，0の位置にもどり止まった。**次の問いに答えなさい。**（10点×2）〔鳥取〕

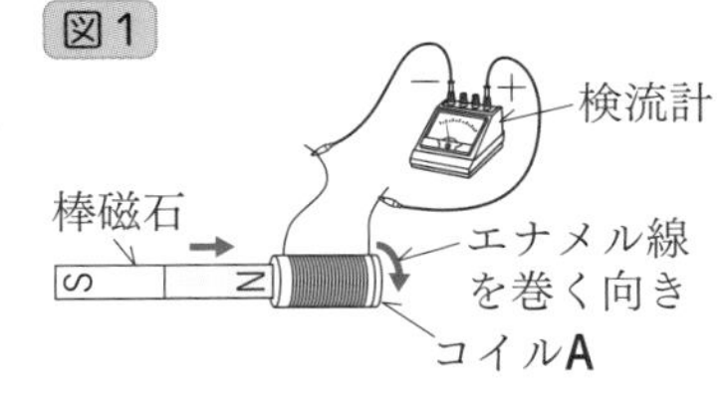

□(1) 検流計の指針が**図1**の振れ幅よりも大きく左に振れるようにするにはどうすればよいか，「コイル**A**の左側から」という書き出しに続けて答えなさい。
（コイル**A**の左側から　　）

差がつく □(2) **図1**のコイル**A**と同じ向きに巻いたコイル**B**を使い，**図2**のような装置を組み立てた。その後，電源装置にスイッチを入れ，一定の大きさの直流電流を流し続けると，検流計の指針の動きはどのようになるか，次の**ア**～**エ**から1つ選び，記号で答えなさい。（　　）

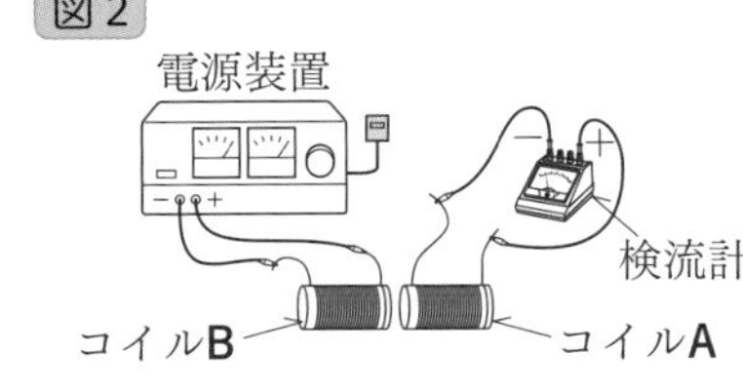

ア 左に振れ，その位置で止まった。　**イ** 右に振れ，その位置で止まった。
ウ はじめ左に振れ，その後，0の位置にもどり止まった。
エ はじめ右に振れ，その後，0の位置にもどり止まった。

記述問題にチャレンジ

コイルの中に棒磁石を出し入れすると誘導電流が流れるが，入れたままにすると流れない。**その理由を書きなさい。**［　　］

Check Points

3 N極をコイルに入れたとき，検流計の針が右に振れたことをもとにして考える。
4 コイルの中の磁界が変化したときにだけ，誘導電流が流れることに着眼する。

入試重要度 A B C

化学変化と原子・分子 ①

時間 40分　合格点 80点　得点　　点

解答➡別冊 p.6

1 〔炭酸水素ナトリウムの分解〕炭酸水素ナトリウムについて，次の実験を行った。**あとの問いに答えなさい。**（7点×4）〔石川－改〕

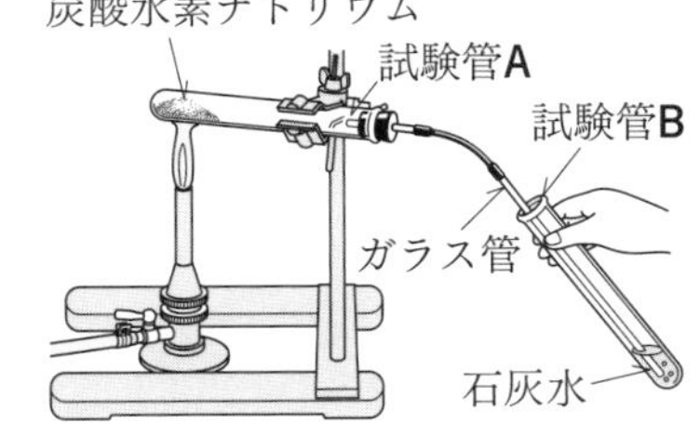

〔実験〕 試験管Aの中に炭酸水素ナトリウムを入れ，右の図のような実験装置を組み立てて加熱した。加熱すると気体が発生し，試験管B内の①石灰水(せっかいすい)が白く濁(にご)った。また，試験管Aの内側がくもり，口に近い部分に②液体がついていることを確認した。気体が出なくなってから，③ある操作を行ったあとにガスバーナーの火を消した。試験管Aの中には，④白い固体が残った。

★重要 □(1) 下線部①で，発生が確かめられた気体の化学式を書きなさい。（　　　）

□(2) 下線部②の液体を青色の塩化コバルト紙につけたとき，塩化コバルト紙は何色に変わりますか。（　　　）

□(3) 下線部③の操作は，試験管Aが割れるのを防ぐために行ったものである。どのような操作を行いましたか。（　　　）

□(4) 下線部④の固体が炭酸水素ナトリウムではないことを確かめるために，どのような実験を行えばよいですか。

（　　　）

2 〔酸化銀の分解〕黒っぽい酸化銀の粉末 2.90 g を試験管に入れて，右の図のような装置で試験管を一定時間加熱したあと，試験管内の物質の質量を測定する操作をくり返し行った。下の表は，加熱の回数と加熱後の試験管内の物質の質量をまとめたものである。なお，5回目以降は，加熱をくり返しても質量の変化はなかった。その後，試験管内の物質をとり出し，その性質を調べた。**次の問いに答えなさい。**〔長崎－改〕

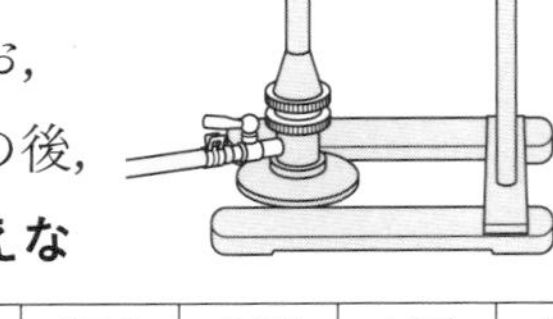

加熱の回数	加熱前	1回	2回	3回	4回	5回
加熱後の物質の質量〔g〕	2.90	2.81	2.75	2.72	2.70	2.70

□(1) 加熱のあと，試験管からとり出した物質は白くなっていた。この物質の名称(めいしょう)を書きなさい。また，この物質は加熱前とは異なる性質をもっている。その性質を1つあげなさい。（6点×2）

名称（　　　）　性質（　　　）

□(2) この実験の化学変化を化学反応式で表しなさい。（6点）（　　　）

差がつく □(3) 加熱前の酸化銀に含(ふく)まれていた酸素の質量は何 g ですか。（6点）（　　　）

□(4) 酸化銀中の銀の質量は酸化銀全体の何%か，小数第1位を四捨五入して整数で書きなさい。

（6点）（　　　）

Check Points

1 炭酸水素ナトリウムの熱分解：$2NaHCO_3 \longrightarrow Na_2CO_3 + CO_2 + H_2O$

2 酸化銀は4回の加熱により完全に分解されたことに着眼する。

入試攻略Points
(→別冊 p.7)

❶炭酸水素ナトリウム，酸化銀の熱分解，水，塩化銅水溶液の電気分解では，分解されて出てくる物質の名称と，その性質を暗記するようにしよう。
❷分解という化学変化を化学反応式やモデルで表すことができるようにしよう。

3 ［水の電気分解］ うすい水酸化ナトリウム水溶液を電気分解装置に満たし，一定時間電流を流すと，右の図のように，水が電気分解され，水素，酸素がそれぞれ発生した。電極Pで発生した気体の体積は，電極Qで発生した気体の体積のおよそ2倍であった。**次の問いに答えなさい。**〔愛媛－改〕

うすい水酸化ナトリウム水溶液
電源装置
電極P
電極Q
電気分解装置

□(1) 次の文の①，②の(　)の中から，それぞれ適当なものを1つずつ選び，記号で答えなさい。(6点×2)

電極Pで発生した気体は ①(**ア** 水素　**イ** 酸素) であり，電極Pは ②(**ア** 陽極　**イ** 陰極) である。　①(　　) ②(　　)

□(2) 純粋な水ではなく，うすい水酸化ナトリウム水溶液を用いた理由として最も適当なものはどれか，次の**ア**～**エ**から1つ選び，記号で答えなさい。(6点)　(　　)

ア ゴム栓や電極を保護するため。　**イ** 水に色をつけて観察しやすくするため。
ウ 反応をゆるやかにするため。　**エ** 電流を流れやすくするため。

重要 □(3) 電極Qで発生した気体の性質としてあてはまるものはどれか，次の**ア**～**エ**から1つ選び，記号で答えなさい。(6点)　(　　)

ア 水に非常によく溶ける。　**イ** 鼻をさす特有のにおいがある。
ウ 炎をあげて燃える。　**エ** 物質を燃やすはたらきがある。

4 ［塩化銅水溶液の電気分解］ 右の図のように，塩化銅水溶液の入ったビーカーに2本の炭素棒を入れ，電源装置につないだ。電流を流して観察すると，一方の電極の表面に赤色の物質が付着し，もう一方の電極の表面からは気体が発生した。**次の問いに答えなさい。**〔群馬－改〕

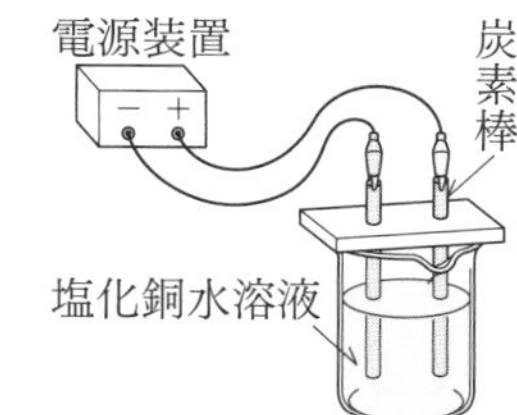

□(1) この実験の化学変化を下の化学反応式で表すとき，①，②にあてはまる化学式を書きなさい。ただし，①は赤色の物質とします。(6点×2)

$CuCl_2$ ⟶ [①] + [②]　①(　　) ②(　　)

□(2) 発生した気体の説明として適切なものを，次の**ア**～**エ**からすべて選び，記号で答えなさい。(6点)　(　　)

ア 水に溶けにくい。　**イ** 殺菌作用がある。
ウ 単体である。　**エ** 空気のおもな成分である。

記述問題にチャレンジ

水の電気分解を化学反応式で表し，それを原子のモデルを使って描きなさい。モデルは，水素原子を○，酸素原子を●で表すものとします。

化学反応式［　　　　］　モデル［　　　　］

Check Points

3 陰極で発生した気体は，気体の中で最も軽い。
4 赤色の物質は陰極に付着する。気体は陽極から発生し，プールの消毒剤のようなにおいがする。

月　日

入試重要度 A B C

化学変化と原子・分子 ②

解答➡別冊 p.7

時間 40分　合格点 80点　得点　　点

1 ［鉄と硫黄(いおう)の反応］鉄と硫黄について，実験を行った。**あとの問いに答えなさい。**〔佐賀－改〕

〔実験〕 ① 鉄粉 14 g と硫黄の粉末 8 g をよく混ぜ合わせ，この混合物を試験管 A，B に 2 等分した。試験管 A はそのままにし，試験管 B は中の混合物を加熱した。

② 試験管 B が冷えたのち，試験管 A，B に磁石を近づけた。

③ 試験管 A，B の中の物質を少量ずつとり，それぞれにうすい塩酸を加えた。

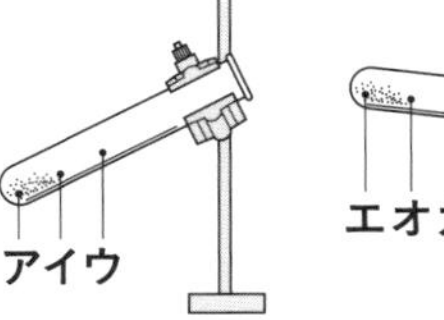

□(1) 実験①で，試験管 B の傾(かたむ)きをどのようにし，どの部分を加熱したらよいか，右の図の**ア～カ**から最も適当なものを 1 つ選び，記号で答えなさい。(7点)　(　　)

□(2) 実験②の結果，試験管 A，B の中の物質はどうなったか，それぞれ答えなさい。(7点×2)　A (　　)　B (　　)

□(3) 実験③の結果，両方の物質で気体が発生した。発生した気体の色とにおいの組み合わせで最も適当なものを，右の**ア～エ**から 1 つ選び，記号で答えなさい。(8点)　(　　)

	試験管 A	試験管 B
ア	黄緑色・においあり	無　色・においなし
イ	無　色・においあり	黄緑色・においあり
ウ	無　色・においなし	黄緑色・においあり
エ	無　色・においなし	無　色・においあり

□(4) 加熱後の試験管 B の中の物質は何か，物質名を書きなさい。(7点)　(　　)

2 ［酸化銅と炭素の反応］酸化銅(CuO)の粉末 6.00 g と十分に乾燥(かんそう)した炭素の粉末をはかりとり，これらをよく混ぜて試験管に入れた。次に，右の図のようにして加熱したところ二酸化炭素が発生し，石灰水(せっかいすい)は白く濁(にご)り，試験管内に赤褐色(せきかっしょく)の銅ができた。加熱をやめて試験管が冷えてから試験管内にある固体の質量を測定した。この実験を酸化銅の質量は変えずに，炭素の質量のみを変えてくり返し行い，右の表の結果を得た。**次の問いに答えなさい。**(8点×3)〔大阪－改〕

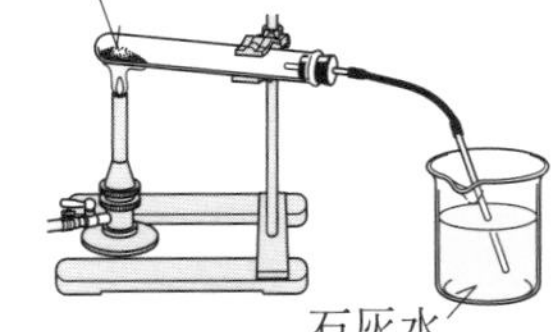

酸化銅の質量〔g〕	6.00	6.00	6.00	6.00	6.00
炭素の質量〔g〕	0.20	0.40	0.60	0.80	1.00
反応後の試験管内にある固体の質量〔g〕	5.46	4.92	4.94	5.14	5.34

□(1) この実験のように，酸化物から酸素をとり除く化学変化を何といいますか。(　　)

★重要 □(2) 表より，実験において混ぜ合わせる炭素の質量を 0.10 g にすると，発生する二酸化炭素の質量は何 g ですか。ただし，表において，反応前後の試験管内にある固体の質量の差はすべて発生した二酸化炭素の質量であるとします。(　　)

□(3) 実験において用いた酸化銅 6.00 g をすべて反応させるためには，炭素は少なくとも何 g 必要であると考えられるか，小数第 3 位を四捨五入して小数第 2 位まで求めなさい。(　　)

Check Points

1 Fe ＋ S ⟶ FeS の化学変化が起こり，FeS は Fe や S とは異なった物質になっている。

2 (3)酸化銅 6.00 g は炭素の質量が 0.40 g から 0.60 g の間で過不足なく反応する。

入試攻略Points
(→別冊 p.8)

❶結びつく化学変化によってできた化合物は，結びつく前の物質と性質が異なっている。
❷還元という化学変化では，必ず酸化という化学変化が同時に起きている。
❸化学変化では，反応する物質の質量の割合は決まっていることを理解しておこう。

3 ［マグネシウムの燃焼］マグネシウムの燃焼について調べるため，次の実験を行った。**あとの問いに答えなさい。**（8点×2）〔山形〕

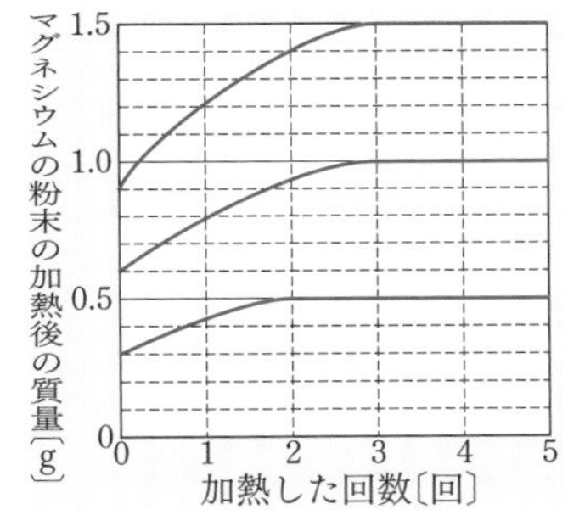

〔実験〕 ① ステンレス皿の質量をはかったあと，マグネシウムの粉末0.3gをはかりとった。

② はかりとったマグネシウムの粉末をステンレス皿に広げ，かき混ぜながらガスバーナーで加熱したあと冷却し，質量をステンレス皿ごとはかった。

③ ②の操作を質量が一定になるまでくり返した。

④ はかりとるマグネシウムの粉末の質量を0.6g，0.9gにして，②，③と同様のことをそれぞれ行った。

重要 □(1) 右上の図は，この実験の結果を表したものである。グラフから，マグネシウムの質量と反応する酸素の質量との割合を求め，最も簡単な整数比で書きなさい。（　　　　）

□(2) マグネシウムの粉末1.2gを1回加熱したところ，加熱後の粉末の質量は1.8gであった。このとき，反応せずに残っているマグネシウムは何gですか。（　　　　）

4 ［化学変化のきまり］ビーカー**A**に1.0gの石灰石を，ビーカー**B**に10 cm^3 の塩酸を入れ，**図1**のようにまとめて質量をはかった。ビーカー**B**の塩酸をビーカー**A**に入れると，気体が発生し，反応が終わった直後の2つのビーカーの質量を再びまとめてはかった。反応前後の質量の差は発生した気体の質量とする。塩酸の量は変えずに石灰石の質量を変えて同様の実験を行い，その結果を表と**図2**にまとめた。**次の問いに答えなさい。**（8点×3）〔長崎－改〕

図1

図2

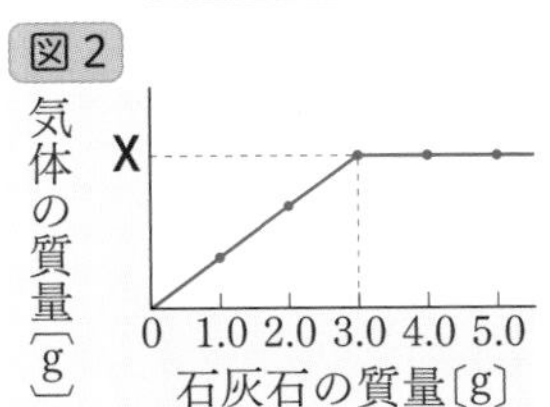

□(1) 発生した気体の名称を書きなさい。（　　　　）

差がつく □(2) **図2**の**X**の値は何gですか。（　　　　）

□(3) 石灰石5.0gに実験で用いた塩酸20 cm^3 を加えると，発生する気体は何gですか。（　　　　）

石灰石の質量〔g〕	1.0	2.0	3.0	4.0	5.0
反応前の質量〔g〕	125.2	126.2	127.2	128.2	129.2
反応後の質量〔g〕	124.8	125.4	126.0	127.0	128.0

記述問題にチャレンジ

化学変化における質量保存の法則とはどのような法則ですか。

〔　　　　　　　　　　〕

Check Points

3 グラフが平らになったところが，マグネシウムがすべて燃焼したことを示す。
4 塩酸10 cm^3 は，石灰石3.0gと過不足なく反応していることに着眼する。

入試重要度 A B C

浮力と力の合成・分解

時間 40分　合格点 80点　得点　点

解答➡別冊 p.8

1 ［水圧と浮力］ばねを用いた次の実験について，**あとの問いに答えなさい。** ただし，100 g の物体にはたらく重力の大きさを 1 N とし，糸とばねの質量や体積は考えないものとします。

（10点×2）〔岐阜－改〕

〔実験〕 **図 1** のように，何もつるさないときのばねの端の位置を，ものさしに印をつけた。次に，**図 2** のように，底面積が 16 cm² の直方体で重さが 1.2 N の物体 **A** をばねにつるし，水を入れたビーカーを持ち上げ，物体 **A** を水中に沈めたときのばねの伸びを測定した。**図 2** の x は，物体 **A** を水中に沈めたときの，水面から物体 **A** の底面までの深さを示しており，右の表は，実験の結果をまとめたものである。

図 1

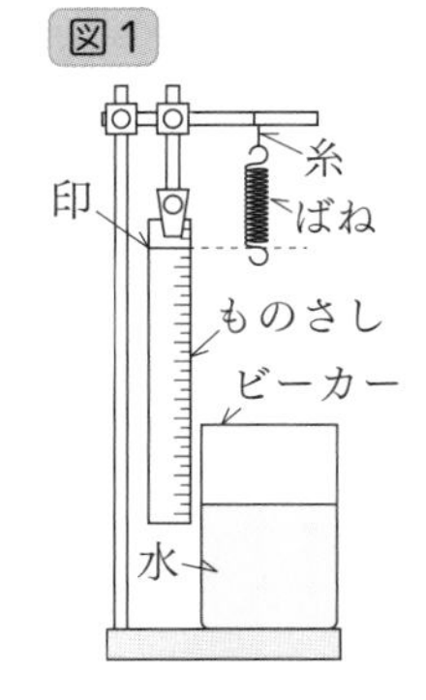

図 2

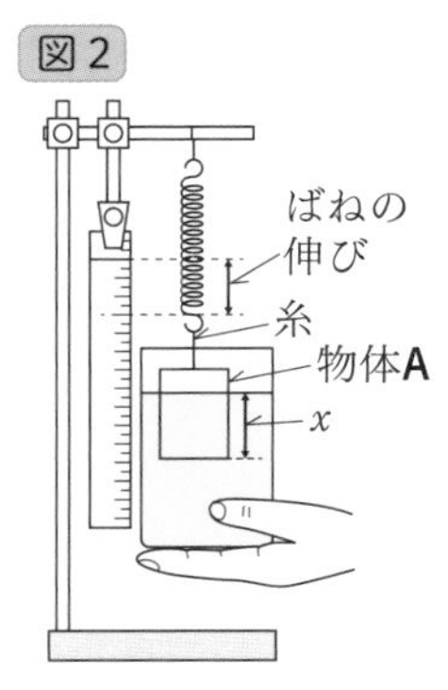

深さ x〔cm〕	0	1.0	2.0	3.0	4.0	5.0	6.0	7.0
ばねの伸び〔cm〕	6.0	5.2	4.4	3.6	2.8	2.0	2.0	2.0

差がつく □(1) 物体 **A** を水中にすべて沈めたとき，物体 **A** にはたらく水圧の向きと大きさを模式的に表したものとして最も適切なものを，右の **ア**～**オ** から 1 つ選び，記号で答えなさい。なお，矢印の向きは水圧のはたらく向きを，矢印の長さは水圧の大きさを表しています。（　　）

ア 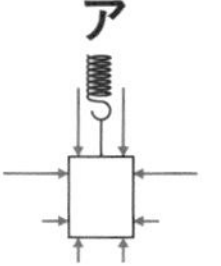 イ 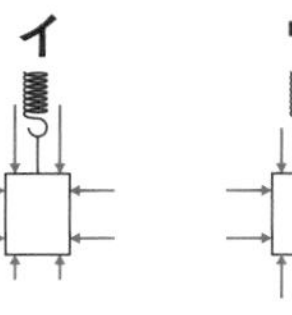 ウ 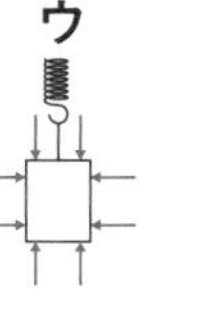 エ オ 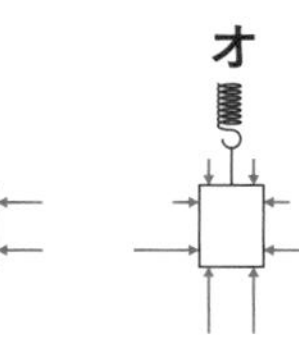

□(2) 深さ x が 4.0 cm のとき，物体 **A** にはたらく浮力は何 N ですか。（　　）

2 ［浮　力］次の実験について，**あとの問いに答えなさい。**〔愛媛－改〕

〔実験〕 重さ 0.84 N の物体 **X** と重さ 0.24 N の物体 **Y** を水に入れたところ，**図 1** のように，物体 **X** は沈み，物体 **Y** は浮いて静止した。また，**図 2**，**図 3** のように，物体とばねばかりを糸でつなぎ，物体を水中に沈めて静止させたところ，ばねばかりの示す値はそれぞれ 0.73 N，0.64 N であった。ただし，糸の質量と体積は考えないものとする。

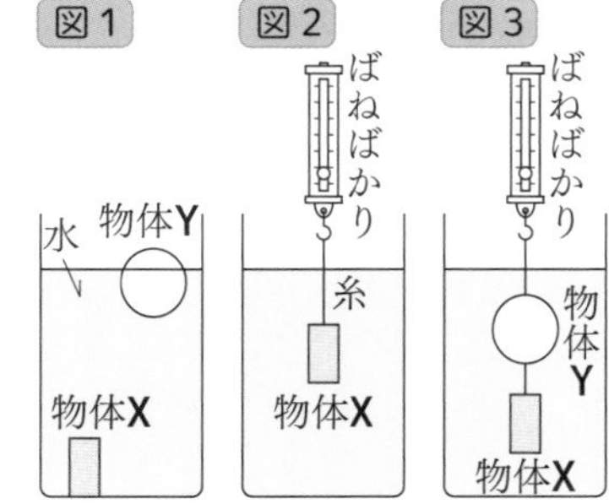

□(1) **図 1** で，物体 **X**，物体 **Y** のそれぞれにおいて，はたらく浮力の大きさと重力の大きさを比べた結果として適切なものを，次の **ア**～**ウ** から 1 つずつ選び，記号で答えなさい。（10点×2）　物体 **X**（　　）　物体 **Y**（　　）

ア 浮力のほうが大きい。　**イ** 重力のほうが大きい。　**ウ** 同じである。

★重要 □(2) **図 3** で，物体 **Y** にはたらく浮力の大きさは何 N ですか。（10点）（　　）

✔ Check Points

1 水中の物体にはたらく水による圧力（水圧）は，深さに比例して大きくなる。

2 浮力〔N〕＝空気中での重さ〔N〕－水中での重さ〔N〕

入試攻略Points
(→別冊 p.9)

❶水の深さと水圧の関係を把握(はあく)し，浮力が生じる理由を理解しておこう。
❷水中の物体にはたらく浮力の計算ができるようにしよう。
❸力の合成・分解を正確に作図し，合力・分力を求められるようにしよう。

3 ［力の合成］右の図は，物体Pに2つの力 A と力 B がはたらいているようすを表している。**次の問いに答えなさい。** ただし，図の1目盛りは1Nとします。(10点×2)〔佐賀〕

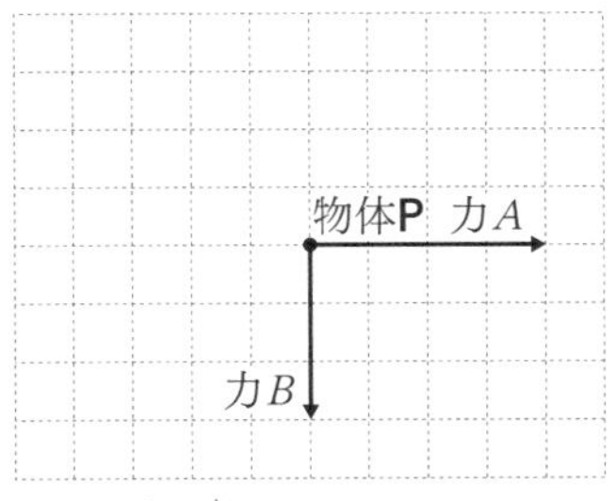

□(1) 力 A と力 B の合力の大きさは何Nですか。（　　　　）

□(2) 力 A と力 B をはたらかせるときに，もう1つの力 C をはたらかせることで物体Pを静止させたい。力 C を図に矢印で描(か)き入れなさい。ただし，力 C の作用点は，力 A と力 B の作用点と一致(いっち)させること。

4 ［力の分解］**図1**の糸1，2が物体Aを引く力は，重力とつりあう力を糸1，2の方向に分解して求めることができる。図の F が重力とつりあう力を表しているとき，**次の問いに答えなさい。** (10点×3)〔宮崎－改〕

図1

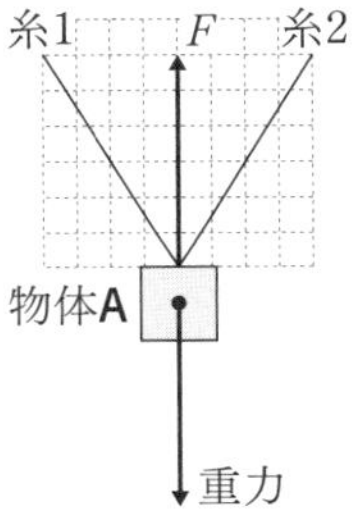

糸1　F　糸2
物体A
重力

□(1) F を糸1，2の方向に分解した分力を F_1，F_2 とするとき，F_1，F_2 をそれぞれ図に矢印で描き入れなさい。

□(2) F を糸1，2の方向に分解した分力 F_1，F_2 の大きさは，糸1，2の間の角度を変えると変化する。分力 F_1，F_2 の大きさが $F_1 = F$，$F_2 = F$ となるとき，糸1，2の間の角度を0°から180°の範囲(はんい)内で求めなさい。（　　　　）

差がつく □(3) **図2**のような種類の橋を斜張橋(しゃちょうきょう)といい，塔(とう)から張ったケーブルで橋を支えている。斜張橋のケーブルが引く力についてまとめた次の文章の **a**，**b** に入る適切な語句の組み合わせを，あとの**ア**～**エ**から1つ選び，記号で答えなさい。（　　）

図2

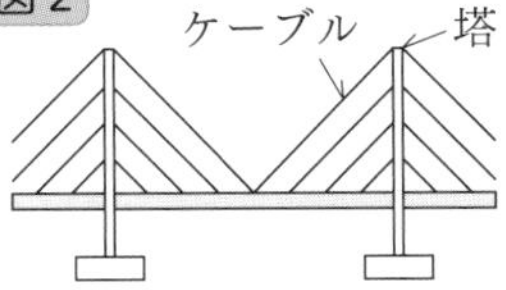

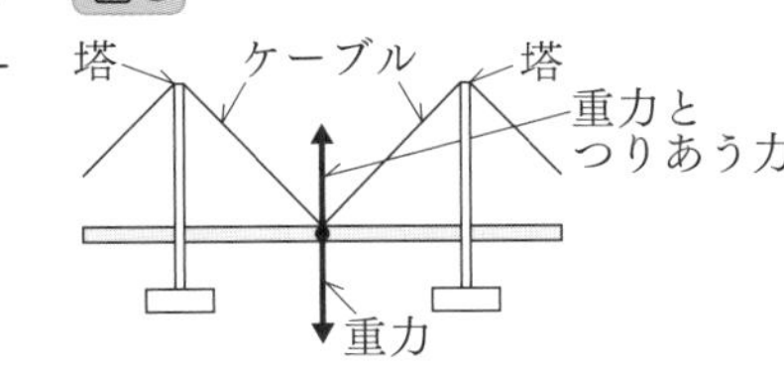

図3のように，斜張橋の模式図で考えると，ケーブルに相当するのは，**図1**における糸1，2である。**図1**で，糸1，2がそれぞれ物体Aを引く力の大きさを小さくするためには，糸1，2の間の角度を［ a ］すればよい。このことから，**図3**の塔の間隔(かんかく)が一定のときには，塔の高さは［ b ］ほうが，ケーブルが引く力の大きさは小さくなる。

図3

塔　ケーブル　塔
重力とつりあう力
重力

ア　a 大きく　b 高い　　**イ**　a 大きく　b 低い
ウ　a 小さく　b 高い　　**エ**　a 小さく　b 低い

記述問題にチャレンジ

水中にある物体に浮力が生じる理由を，**「物体の上面」，「物体の下面」，「水圧」という語句を用いて，簡単に説明しなさい。**［　　　　　　　　　　］

Check Points　**3**，**4** 合力・分力は，いずれも平行四辺形を作図することで求められる。合力の向きや大きさは1通りに決まるが，分力の向きや大きさは分解する方向によって異なる。

入試重要度 A B C

物体の運動

時間 40分　合格点 80点　得点　　点

解答➡別冊 p.9

□ **1** ［速　さ］右の図は，水平な台の上を運動しているおもちゃの車を撮影(さつえい)したストロボ写真を模式的に示したもので，a 点から 0.2 秒後の位置を b 点，0.4 秒後の位置を c 点としている。**表から，bc 間の車の平均の速さを求めなさい。**（11 点）〔山口－改〕

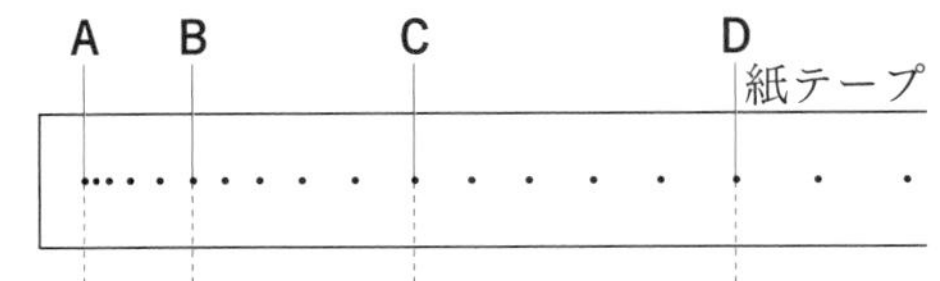

おもちゃの車の位置	a	b	c
a 点からの距離〔cm〕	0	17.3	33.5

（　　　　　）

2 ［記録タイマーを使った運動の記録］物体の運動のようすを調べるため，次のような実験を行った。**あとの問いに答えなさい。**（11 点×2）〔岩手－改〕

A　B　C　D　紙テープ

0　4.6cm　13.9cm　27.6cm

〔実験〕① 台車に紙テープをつけ，1 秒間に 50 打点を記録する記録タイマーで，ある台車の運動のようすを調べた。

② ①で記録された紙テープの打点を 5 打点ごとに区切って，はじめからの距離(きょり)をはかると，右上の図のようになった。

□(1) B が打点されてから C が打点されるまでの時間は何秒ですか。（　　　　　）

★重要 □(2) この台車の CD 間の平均の速さは何 cm/s ですか。（　　　　　）

3 ［斜面(しゃめん)をくだる台車の運動］**図 1** に示した実験装置を用いて，斜面をくだる台車の運動を調べる実験をした。**図 2** は，最初の数打点を除いて 6 打点ごとに切り離(はな)した記録テープを順に並べ，方眼紙に左から貼(は)りつけたものである。**図 2 の A～F** は，貼りつけた記録テープを示している。**次の問いに答えなさい。**（11 点×2）〔広島〕

図 1

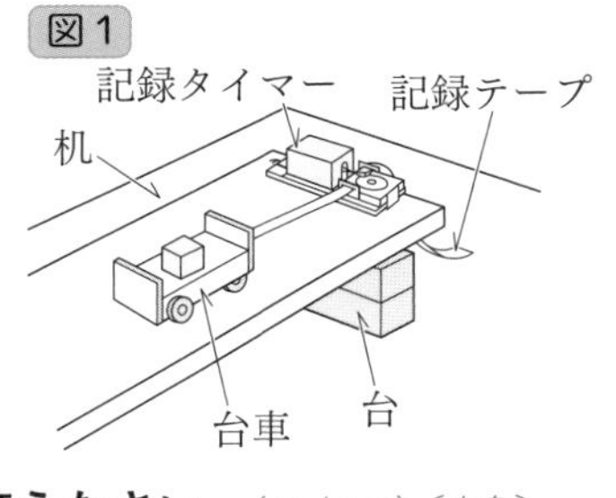

図 2

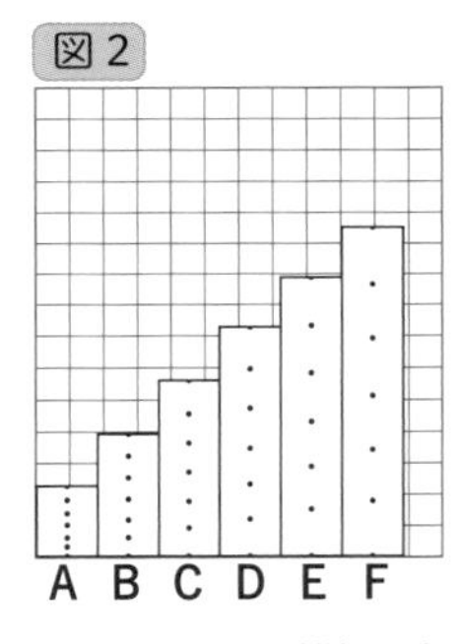

□(1) **図 2** で，C の記録テープの長さは 5.5 cm である。C の記録テープが記録された区間の台車の速さは何 cm/s ですか。ただし，$\frac{1}{60}$ 秒ごとに 1 打点する記録タイマーを用いたものとします。（　　　　　）

★重要 □(2) **図 1** 中の台を 1 つとり，斜面の傾(かたむ)きを小さくして，斜面をくだる台車の運動を調べるとき，記録テープを貼りつけた図はどうなると考えられるか，右の**ア～エ**から 1 つ選び，記号で答えなさい。（　　　）

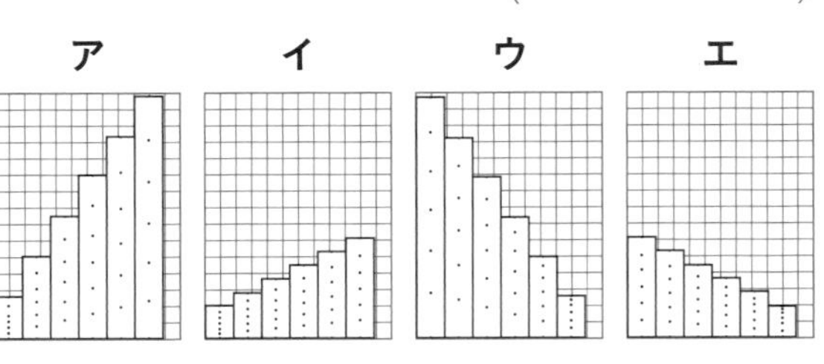

Check Points

1，**2** 物体の運動で，平均の速さ〔cm/s〕＝距離〔cm〕÷時間〔s〕で計算する。

3 60 分の 1 秒ごとに打点するときには，6 打点間が 0.1 秒である。

入試攻略Points
(→別冊 p.10)

❶記録タイマーの打点を記録したテープから，速さを計算できるようにしておこう。
❷等速直線運動をしている物体には，運動方向に力ははたらいていない。
❸作用・反作用の力の関係を，力のつりあいの関係との違い(ちが)とともに理解しておこう。

4 ［等速直線運動］水平面における台車の運動を調べるため，1 秒間に 50 回打点する記録タイマーを用いて次の実験を行った。**あとの問いに答えなさい。** ただし，空気の抵抗(ていこう)や摩擦(まさつ)はないものとします。〔茨城－改〕

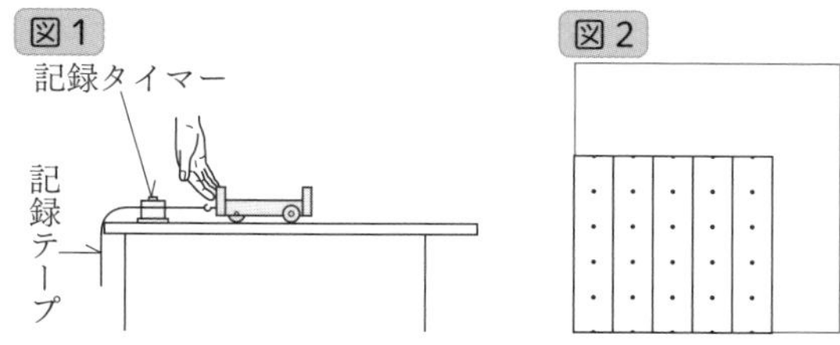

〔実験〕 **図 1** のように，記録タイマーを水平な机の上に固定し，記録テープをとりつけた台車を机の上にのせて静止させたあと，手で台車を軽くおしたところ，台車はまっすぐ進んだ。次に，打点を記録した記録テープを，打点の間隔(かんかく)が等しくなっているところから，5 打点ごとに切り離し，順に左から台紙に貼りつけたところ，**図 2** のようになった。

重要 □(1) 次の文章の①，②にあてはまる語句をそれぞれ書きなさい。(11 点×2)

図 2 の記録テープの長さは，0.1 秒ごとの台車の移動距離を表している。各記録テープの長さを比べると，台車の速さが [①] であることがわかる。このことから，台車には水平方向に力がはたらいて [②] と考えられる。 ①(　　　　) ②(　　　　)

□(2) この実験で，打点の間隔が等しくなってからの，台車が進んだ距離と時間の関係を示しているグラフはどれか，次の**ア**～**オ**から 1 つ選び，記号で答えなさい。(11 点) (　　)

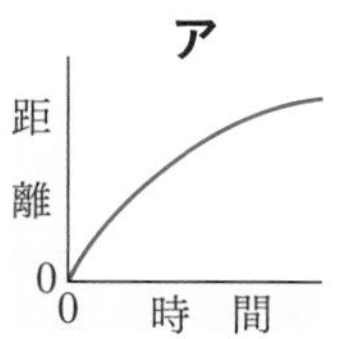

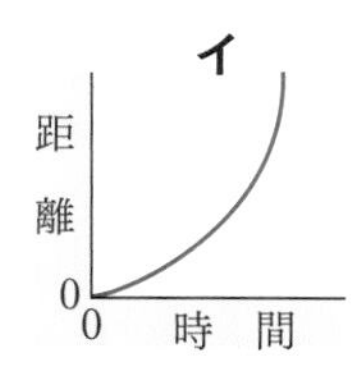

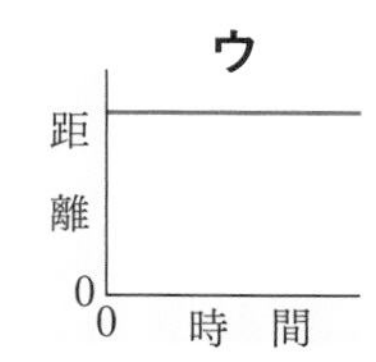

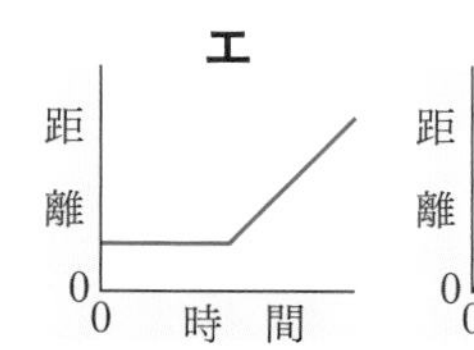

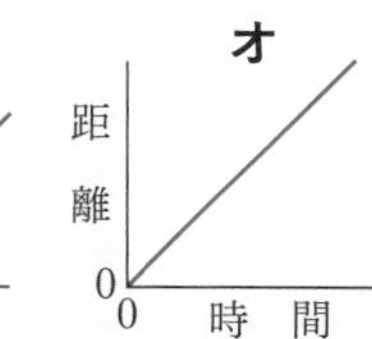

□**5** ［力をおよぼし合う運動］**図 1** のように，**A** さんと **B** さんが水平な床(ゆか)の上でスケートボードに乗り，静止している。**A** さんが **B** さんを 40 N の力で **Y** の向きに水平におしたところ，**B** さんは **Y** の向きに動いた。**A** さんが **B** さんをおしたとき，**2 人の間の O 点にはたらく水平方向の力をすべて図 2 に矢印で描(か)き入れなさい。** ただし，方眼の 1 目盛りは 10 N とします。(12 点)〔京都－改〕

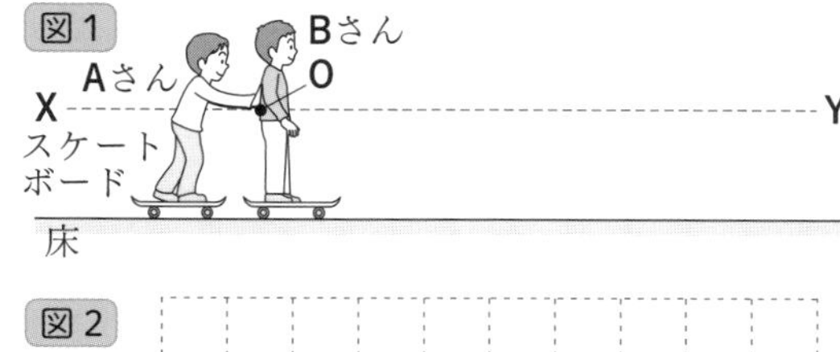

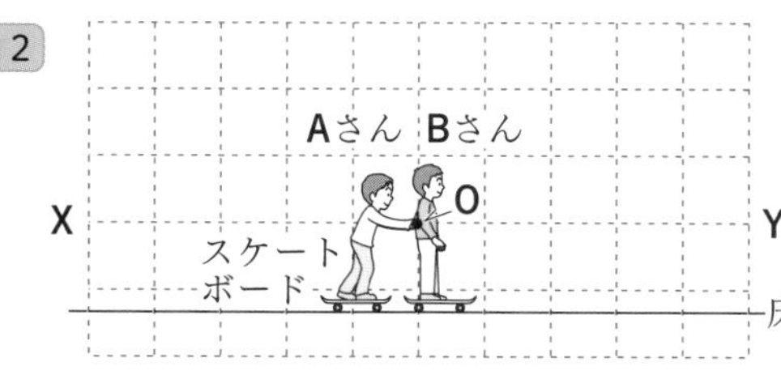

記述問題にチャレンジ

斜面の角度を大きくすると，斜面をくだる小球の速さの変化の割合は大きくなる。**その理由を書きなさい。** 〔　　　　〕

Check Points

4 記録テープの長さが一定であることから，台車がどのような運動をしているか考える。
5 AさんがBさんをおす力を作用の力とすると，Bさんから反作用の力を受ける。

入試重要度 A B C

仕事とエネルギー

時間 40分　合格点 80点　得点　点

解答➡別冊 p.10

1 ［滑車や斜面を使った仕事］仕事について調べるため，次の実験 1，2 を行った。ただし，ひもと動滑車，斜面と物体の間には摩擦力ははたらかず，ひもの質量は無視できるものとする。また，質量 100 g の物体にはたらく重力は 1 N とする。**あとの問いに答えなさい。**（8 点×4）〔新潟－改〕

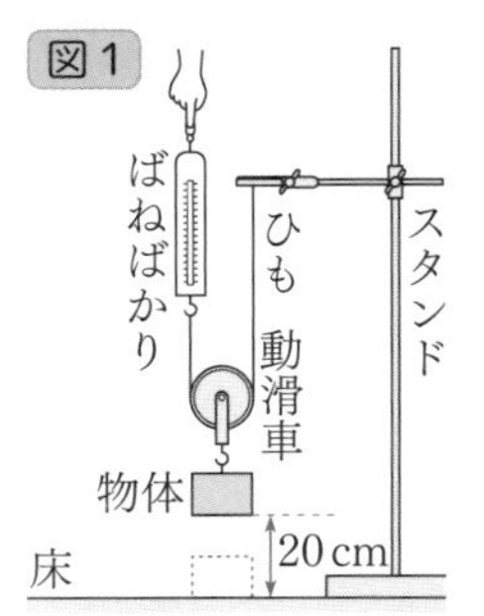

〔実験 1〕 **図 1** のように動滑車を使い，質量 200 g の物体を床面から真上にゆっくりと 20 cm 引き上げたとき，ばねばかりが示した値は 1.2 N であった。

〔実験 2〕 **図 2** のように，斜面の上で質量 200 g の物体にばねばかりをつなぎ，斜面に沿ってゆっくりと 80 cm 引き上げたとき，物体はもとの位置より 32 cm 高い位置にあった。

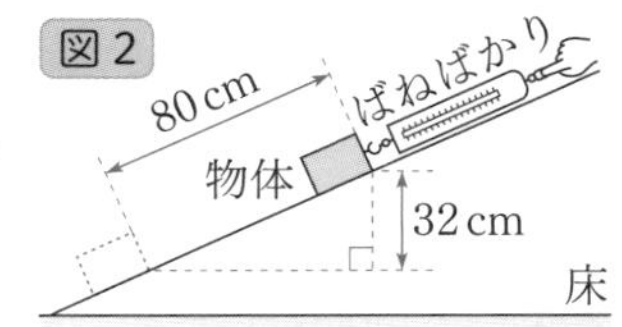

★重要 (1) 実験 1 について，

□① 動滑車の質量は何 g ですか。（　　　）

□② 物体を 20 cm 引き上げるとき，物体と動滑車を引き上げる力がする仕事は何 J ですか。（　　　）

(2) 実験 2 について，

□① 物体をゆっくりと引き上げているとき，物体にはたらく重力の向きを表した矢印として，最も適当なものを，右の**ア**～**エ**から 1 つ選び，記号で答えなさい。（　　　）

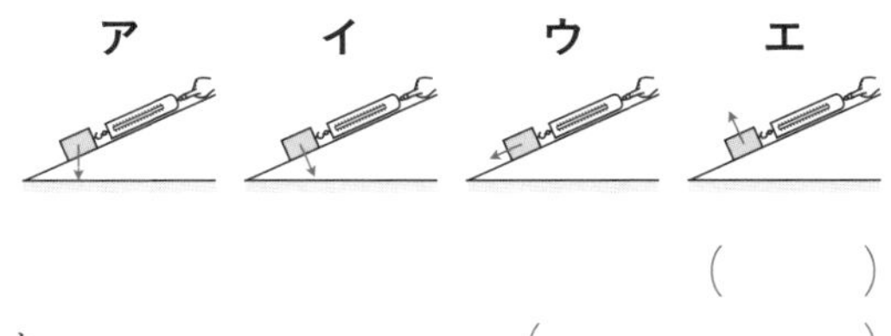

□② このとき，ばねばかりが示す値は何 N ですか。（　　　）

2 ［てこを使った仕事］てこのはたらきを調べるために，次の実験を行った。**あとの問いに答えなさい。**ただし，棒と支点の摩擦や棒と糸の重さは無視できるものとします。（8 点×3）

〔山形－改〕

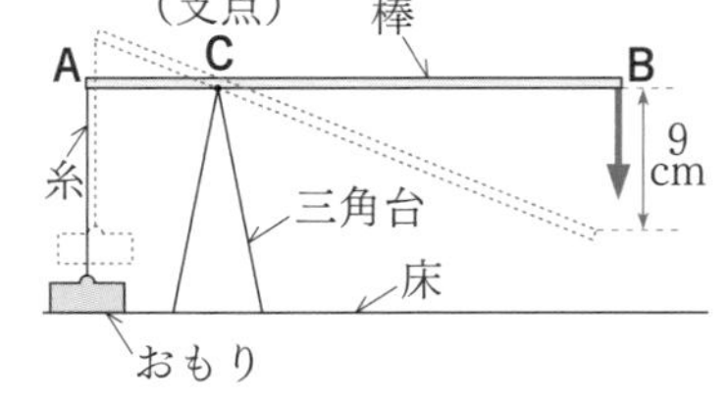

〔実験〕 長さ 40 cm のかたい棒を三角台にのせ，てことして用いた。棒の左端を**A**点，右端を**B**点，てこの支点を**C**点とする。**AC** = 10 cm，**BC** = 30 cm である。**A**点に重さ 12 N のおもりを糸でつるしたところ，糸は**A**点から真下に張り，おもりは床の上に静止した。**B**点に下向きの力を加え，**B**点の高さをゆっくり 9 cm おし下げた。

□(1) おもりが床から持ち上げられた高さは何 cm ですか。（　　　）

□(2) **B**点に加えた力の大きさは何 N ですか。（　　　）

差がつく □(3) 床から持ち上げられたおもりの位置エネルギーは何 J 増加しましたか。（　　　）

✔ Check Points
1 動滑車を 1 個使うと，引き上げる力の大きさは直接引き上げるときの半分ですむ。
2 A 点と B 点にかかる力の大きさは，うでの長さの比(1：3)の逆(3：1)になる。

入試攻略Points
(→別冊 p.11)

❶仕事〔J〕＝力の大きさ〔N〕×力の向きに動いた距離(きょり)〔m〕で表される。単位に気をつけて，計算できるようにしておこう。
❷エネルギーは形を変えて移り変わるが，その総量は一定に保たれている。

3［ふりこの運動とエネルギー］ふりこを使って，次の実験を行った。**あとの問いに答えなさい。**〔愛知－改〕

〔実験1〕 静止しているときのおもりの最下端を通る水平面を基準面とし，**図1**のように，糸がたるまないようにおもりの最下端を基準面から高さ 15 cm の点 **a** の位置まで引き上げたあと，静かにはなしておもりを振(ふ)らせた。**図2**は，おもりが点 **a** の位置から点 **e** の位置まで運動したときの位置エネルギーの大きさを表したグラフである。

〔実験2〕 **図3**のように，おもりを基準面から高さ 30 cm の点 **f** の位置まで引き上げたあと，静かにはなしておもりを振らせた。

図1

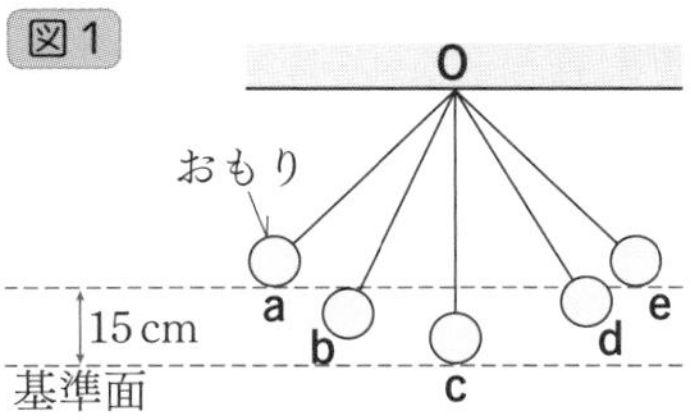

図2

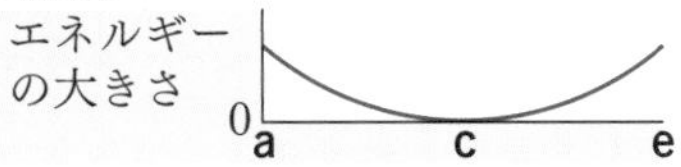

図3

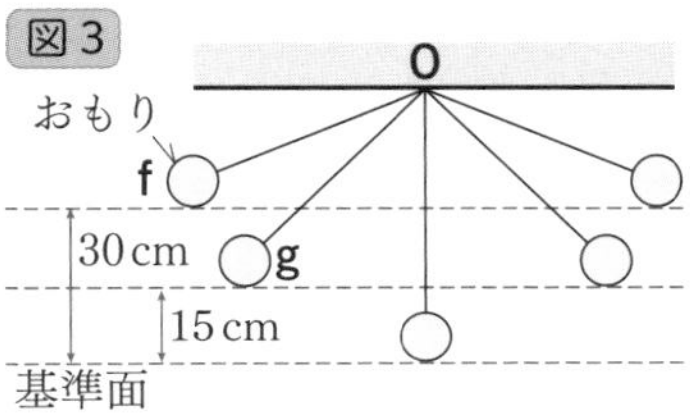

重要 □(1) **図1**の点 **a** の位置でのおもりがもつ位置エネルギーを p〔J〕，運動エネルギーを q〔J〕，力学的エネルギーを r〔J〕とし，**図3**の点 **g** の位置でのおもりがもつ位置エネルギーを s〔J〕，運動エネルギーを t〔J〕，力学的エネルギーを u〔J〕とする。このとき，p と s，q と t，r と u の大小関係はそれぞれどうなるか。解答欄(らん)に＞，＜，＝のうち適切な記号を入れて答えなさい。(6点×3)

p(　　　)s　q(　　　)t　r(　　　)u

□(2) **図2**に，おもりが点 **a** の位置から点 **e** の位置まで運動したときの力学的エネルギーの大きさを表すグラフを描(か)き加えなさい。(8点)

4［エネルギーの移り変わり］右の図は，エネルギーの移り変わりの一部を模式的に示したもので，矢印はエネルギーの移り変わりの向きを，装置名は矢印の向きにエネルギーを変換(へんかん)して利用するものの例である。A，B，Cには熱，光，電気のいずれかがあてはまる。**次の問いに答えなさい。**〔栃木－改〕

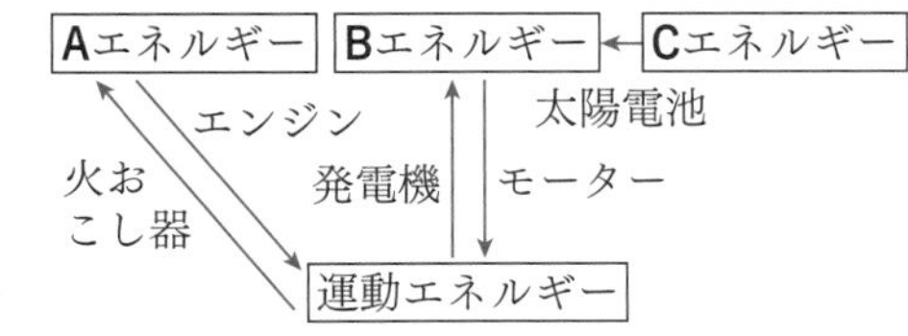

□(1) アイロンは，［ ① ］エネルギーを［ ② ］エネルギーに変換する。①，②にあてはまるものを，図のA～Cから1つずつ選び，記号で答えなさい。(6点×2)　①(　　　)　②(　　　)

□(2) 運動エネルギー→Bエネルギー→Cエネルギーと変換されていくうちに，一部はAエネルギーにも変換される。Aエネルギーの名称(めいしょう)を書きなさい。(6点)　(　　　　　　)

記述問題にチャレンジ

仕事の原理とは何か，簡単に説明しなさい。［　　　　　　　　　　］

Check Points

3 高い所にある物体ほど位置エネルギーは大きい。

4 エンジンは熱機関ともいわれる。太陽電池はCエネルギーをBエネルギーに変換する。

月　日

入試重要度 A **B** C

化学変化とイオン

時間 40分　合格点 80点　得点　点

解答 ➡ 別冊 p.11

1 ［塩化銅水溶液の電気分解］水溶液に電流を流したときのようすを調べるために，次のような実験をした。**あとの問いに答えなさい。**〔神奈川－改〕

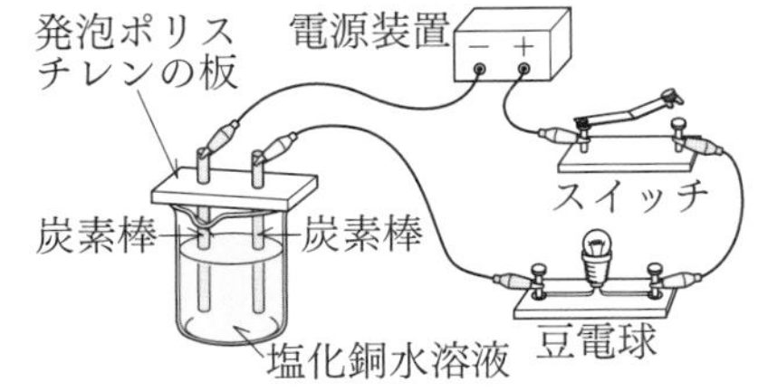

〔実験１〕 塩化銅($CuCl_2$)を水に溶かして塩化銅水溶液をつくった。右の図のように，発泡ポリスチレンの板に電極として炭素棒をさしこんで塩化銅水溶液に入れ，豆電球，スイッチ，電源装置を接続して回路をつくった。この回路で，スイッチを入れると豆電球が点灯した。

一定の電圧で電流を流し続けると，溶液中の陽極の表面では塩素が発生し，陰極の表面には赤茶色の銅が付着した。

〔実験２〕 実験１と同じ装置をもう１つ用意し，塩化銅のかわりに砂糖を水に溶かして実験１と同じ電圧で実験を行ったが，スイッチを入れても豆電球は点灯せず，電極の表面に変化は見られなかった。

□(1) 塩化銅水溶液は何色をしていますか。(6点)　（　　　）

重要 □(2) 塩化銅が水に溶けたときの電離のようすを式に表したい。次の式の①，②に適する化学式をそれぞれ書きなさい。(6点×2)　①（　　　）　②（　　　）

$CuCl_2 \longrightarrow$ ［①］ ＋ 2［②］

差がつく □(3) 実験１で塩化銅水溶液中に電流を流しているとき，陰極の表面で起こっている化学変化について説明した次の文の①～③に適する語句や数を入れなさい。(6点×3)

①（　　　）　②（　　　）　③（　　　）

陰極では［①］イオンが電子［②］個を［③］，原子になっている。

□(4) 実験２で用いた砂糖のように，水に溶かしても電離せず，電流が流れない物質を何というか，漢字４字で書きなさい。(6点)　（　　　）

□(5) 次の〰〰の中の文章は，銅原子の構造について説明したものである。文章中の①～③にあてはまる語句の組み合わせとして最も適するものを，右下の表のア～カから１つ選び，記号で答えなさい。(6点)　（　　　）

> 原子の中心には原子核があり，そのまわりを－(マイナス)の電気をもついくつかの［①］がとりまいている。
> また，原子核は＋(プラス)の電気をもつ［②］と電気をもたない［③］が集まってできている。

	①	②	③
ア	電子	陽子	中性子
イ	電子	中性子	陽子
ウ	中性子	電子	陽子
エ	中性子	陽子	電子
オ	陽子	電子	中性子
カ	陽子	中性子	電子

Check Points　**1** 塩化銅水溶液の電気分解は化学反応式で，$CuCl_2 \longrightarrow Cu + Cl_2$ のように表される。陽イオンは陰極に，陰イオンは陽極に移動し，電子のやりとりが行われる。

入試攻略Points
(→別冊 p.12)

❶水に溶けてイオンになる物質(電解質)が溶けている水溶液中では電流が流れる。
❷塩化銅水溶液や塩酸の電気分解における電離のようすを，化学式を用いて表すことができるようにしておこう。また，それぞれの電極における電子のやりとりを把握(はあく)しておこう。

2 ［水溶液の性質］水溶液の性質を調べるために次の実験を行った。**あとの問いに答えなさい。**

〔福井－改〕

〔実験１〕 **図１**の回路を用いて，エタノール水溶液，食塩水，砂糖水，レモンの果汁(かじゅう)に電流が流れるかどうかを，電流計の針の振(ふ)れから調べた。

〔実験２〕 **図２**の回路を用いて，塩酸，水酸化ナトリウム水溶液，塩化銅水溶液をそれぞれ電気分解した。

図１

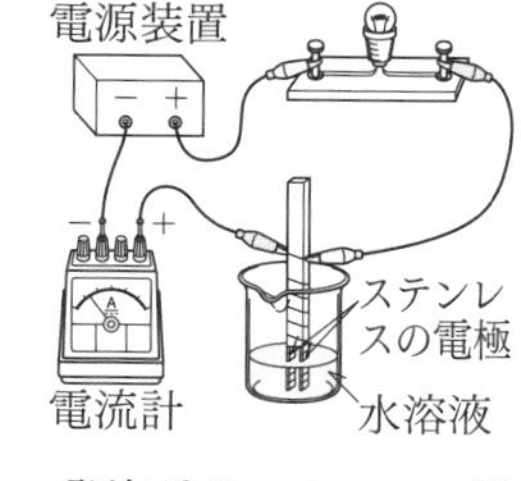

□(1) 実験１において，**図１**の装置をくり返し用いて４つの水溶液を調べるとき，１つの水溶液を調べたあと，次の水溶液を調べる前に，蒸留水を用いて必ず行わなければならない操作がある。それはどのような操作ですか，簡単に書きなさい。(7点)
(　　　　)

図２

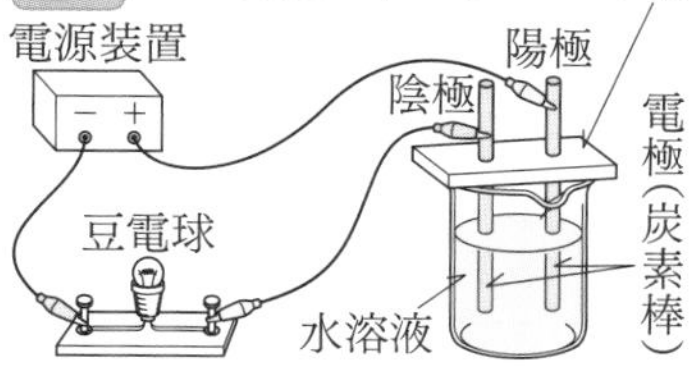

発泡ポリスチレンの板
電源装置
陽極
陰極
電極(炭素棒)
豆電球
水溶液

□(2) 実験１で，電流が流れた水溶液はどれか，すべて書きなさい。(6点) (　　　　)

重要 □(3) 実験１で，電流が流れた水溶液には，水に溶かすと電離する物質が含(ふく)まれている。このような物質を何といいますか。(6点) (　　　　)

差がつく (4) 右の表は，実験２の結果をまとめたものである。ただし，表中の同じ記号は同じ物質を表している。

水溶液	A	B	C
陽極で発生する物質	a	a	b
陰極で発生する物質	c	d	d

□① 表中の水溶液**C**にあてはまるものは何か，実験２の３つの水溶液から選び，名称(めいしょう)を書きなさい。(7点) (　　　　)

□② 表の**a**と**b**の物質は何か，化学式で書きなさい。(7点×2) **a**(　　　　) **b**(　　　　)

□**3** ［塩酸の電気分解］右の図のような装置で，塩酸を電気分解すると両方の電極から気体が発生する。発生した気体は，一方の電極側ではたくさん集まり，もう一方の電極側ではあまり集まらなかった。集まる量が少ない気体は何か，**その名称を書きなさい。また，少ない理由を簡単に書きなさい。**(6点×2)〔富山－改〕

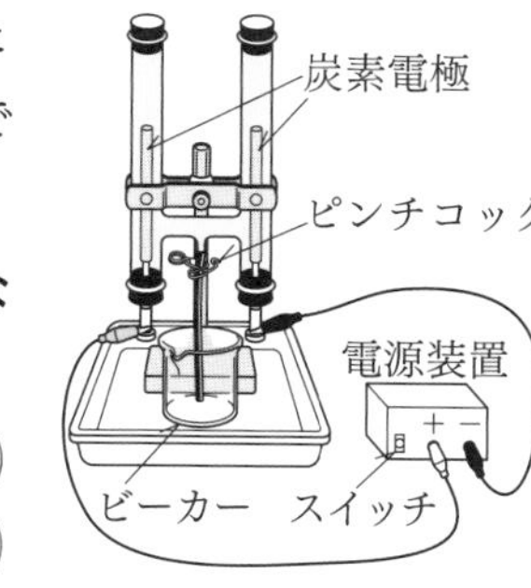

名称(　　　　)

理由(　　　　)

記述問題にチャレンジ

3 の図の装置の状態でスイッチを入れると危険である。
スイッチを入れる前にしなければならないことは何ですか。 [　　　　]

Check Points

2 (4)３つの水溶液のそれぞれの電極に発生する物質を考える。
3 塩酸は，$HCl \longrightarrow H^{+} + Cl^{-}$ のように電離している。

入試重要度 A B C

電池のしくみ

時間 40分　合格点 80点　得点　　点

解答⇨別冊 p.12

月　日

1 ［電池のしくみ］電池のしくみを調べる実験を行った。右の図のように，イオンが通る小さい穴のあいたセロハンで区切ったビーカーに，硫酸銅水溶液と銅板，硫酸亜鉛水溶液と亜鉛板をそれぞれ入れ，モーターをつないだところ，モーターが回転し始めた。しばらくモーターを回転させたあと，硫酸亜鉛水溶液に入っていた亜鉛板を観察すると，表面がざらついていた。**次の問いに答えなさい。**〔熊本－改〕

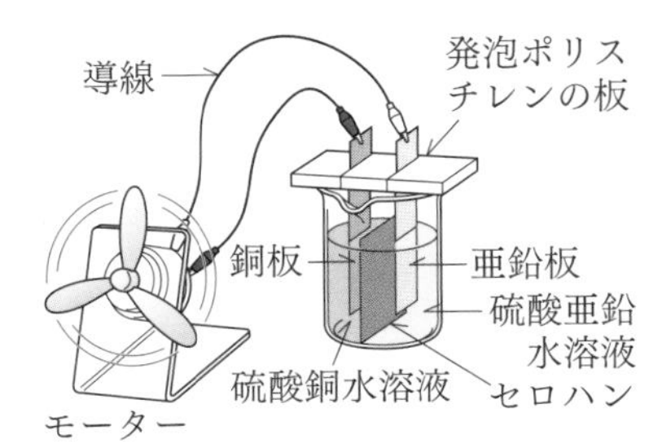

□(1) 銅に見られる性質として誤っているものを，次の**ア**～**エ**から１つ選び，記号で答えなさい。

ア 熱がよく伝わる。　**イ** みがくと光沢が出る。　(7点)（　　　）

ウ たたくと広がる。　**エ** 磁石に引きつけられる。

差がつく □(2) 実験でモーターが回転しているときの亜鉛板の一部で起こる化学変化のようすを最もよく表したモデルはどれか，右の**ア**～**エ**から１つ選び，記号で答えなさい。また，亜鉛イオンの化学式を書きなさい。ただし，**ア**～**エ**の●は亜鉛イオン，⊖は電子を表すものとします。(8点×2)

ア　亜鉛板　硫酸亜鉛水溶液

イ　亜鉛板　硫酸亜鉛水溶液

ウ

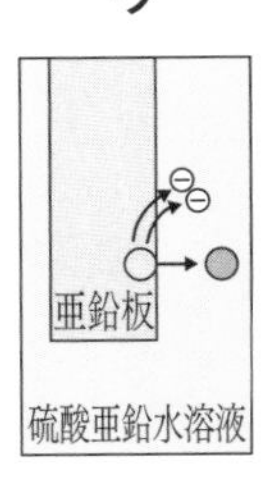

エ

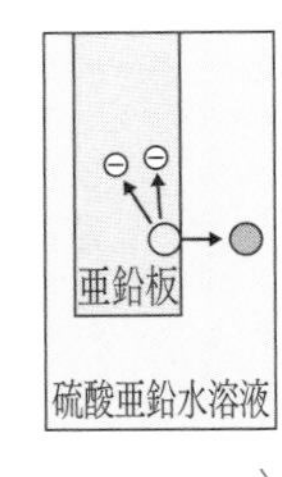

記号（　　　）　化学式（　　　　　）

重要 □(3) 実験でモーターが回転しているとき，銅板の表面で起こる化学変化を，電子 e^- を用いた化学反応式で書きなさい。(8点)（　　　　　　　　）

2 ［木炭電池］木炭電池について，次のような実験を行った。**あとの問いに答えなさい。**(8点×2)〔富山〕

〔実験〕 右の図のように，木炭(備長炭)に濃い食塩水で湿らせたろ紙を巻き，さらにアルミニウムはくを巻いた木炭電池をつくった。この電池に電子オルゴールをつなぐと電流が流れ，音が鳴った。

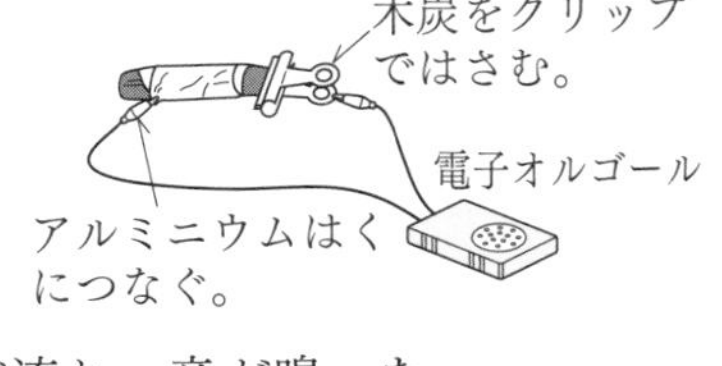

□(1) 実験のあとにアルミニウムはくをはがして観察すると，アルミニウムはくはぼろぼろになっていた。このことから，どのような化学変化が起こったと考えられるか。「アルミニウムイオン」，「電子」という語句を使って簡単に書きなさい。

（　　　　　　　　　　　　　　　　）

□(2) 濃い食塩水のかわりに次の**ア**～**オ**を使ったとき，電子オルゴールが鳴ると考えられるものをすべて選び，記号で答えなさい。（　　　）

ア エタノール　**イ** 砂糖水　**ウ** レモン汁　**エ** 蒸留水　**オ** 食酢

Check Points

1 (2)亜鉛板では亜鉛がイオンとなって溶け出し，電子が亜鉛板から銅板に移動する。

2 (2)非電解質は水に溶かしても電離しないので電流は流れない。

入試攻略Points
(→別冊 p.13)

❶電池のしくみ(水溶液は電解質，電極は異なる種類の金属)を理解しておこう。
❷電極付近での電子のやりとりを，図で理解し，覚えておこう。
❸電池から電流をとり出すことをエネルギーの変換(へんかん)から説明できるようにしておこう。

3 ［化学変化と電池］亜鉛，銅，マグネシウムの３種類の金属板を１枚ずつ用意した。３種類の金属板から異なる２枚を選んで，右の図のように金属板**A**，**B**として光電池用モーターにつなぎ，うすい塩酸の中に入れたところ，いずれの組み合わせでもモーターが回った。右下の表は，２枚の金属板**A**，**B**の組み合わせとモーターが回っているときの金属板のようすをまとめたものである。**次の問いに答えなさい。**〔富山－改〕

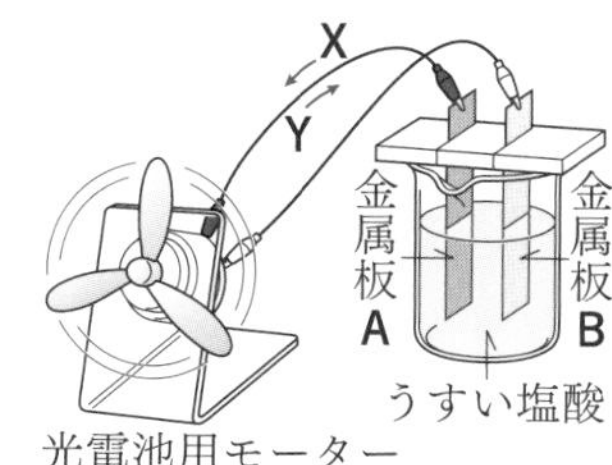

光電池用モーター
(小さい電流でも回るモーター)

	金属板の組み合わせ		金属板のようす
①	A	亜鉛	泡(あわ)を出して金属板が溶けた
	B	銅	表面から気体が発生した
②	A	亜鉛	表面から気体が発生した
	B	マグネシウム	泡を出して金属板が溶けた
③	A	銅	表面から気体が発生した
	B	マグネシウム	泡を出して金属板が溶けた

重要 □(1) ①の組み合わせで，金属板**B**で発生した気体を試験管に集め，マッチの火を近づけるとポンと音がして燃えた。金属板**B**で発生した気体を化学式で書きなさい。また，この気体と同じものを，次の**ア**～**ウ**から１つ選び，記号で答えなさい。(7点×2)　化学式(　　　　)　記号(　　　)

ア 二酸化マンガンにうすい過酸化水素水を加えたときに発生する気体

イ 鉄にうすい塩酸を加えたときに発生する気体

ウ 石灰石(せっかいせき)にうすい塩酸を加えたときに発生する気体

□(2) ②の組み合わせで，金属板**B**からは，マグネシウムが電子を２個失いマグネシウムイオンとなって溶(と)け出している。マグネシウムイオンの化学式を書きなさい。(7点)　(　　　　)

差がつく □(3) ①～③の組み合わせでは，電流は図の**X**，**Y**のどちらの向きに流れるか，右の表の**ア**～**ク**から正しく組み合わせたものを１つ選び，記号で答えなさい。(8点)　(　　　)

	①	②	③
ア	X	X	X
イ	X	X	Y
ウ	X	Y	X
エ	X	Y	Y
オ	Y	X	X
カ	Y	X	Y
キ	Y	Y	X
ク	Y	Y	Y

□(4) 次の文は，図の装置でモーターが回っているときのエネルギーの移り変わりを説明したものである。**a**～**c**にあてはまる適切な語句を，あとの**ア**～**オ**からそれぞれ１つずつ選び，記号で答えなさい。(8点×3)

ビーカーの中では，金属板のもつ［ a ］エネルギーが［ b ］エネルギーに移り変わり，モーターでは［ b ］エネルギーが［ c ］エネルギーへと移り変わっている。

a(　　　)　b(　　　)　c(　　　)

ア 位置　**イ** 運動　**ウ** 化学　**エ** 電気　**オ** 光

記述問題にチャレンジ

電池をつくり，回路に電流を流したとき，**回路を流れる電流の向きと移動する電子の向きの関係を述べなさい。**

［　　　　　　　　　　　　　］

Check Points

3 溶液中にイオンとなって溶け出す金属板が電池の－極になる。電流は，＋極から－極に向かって導線の中を流れる。電池は化学エネルギーを電気エネルギーに変換する。

入試重要度 A B C

酸・アルカリとその性質

時間 40分　合格点 80点　得点　点

解答➡別冊 p.13

1 ［中　和］ うすい塩酸とうすい水酸化ナトリウム水溶液を用いて，次の実験を行った。**あとの問いに答えなさい。**〔奈良－改〕

〔実験１〕 **図１**のように，**A**，**B**の２本の試験管にうすい塩酸を5 cm^3ずつ入れ，**A**の試験管には水5 cm^3を，**B**の試験管にはうすい水酸化ナトリウム水溶液5 cm^3を加えた。次に，それぞれの試験管にマグネシウムリボンを入れると，**A**では気体がさかんに発生し，**B**では気体がおだやかに発生した。**A**，**B**で発生した気体をそれぞれ別の試験管にとり，マッチの火を近づけると，どちらも音を出して燃えた。

図１
A B
うすい塩酸5 cm^3 +水5 cm^3
うすい塩酸5 cm^3+ うすい水酸化ナトリウム水溶液5 cm^3
マグネシウムリボン
マグネシウムリボン

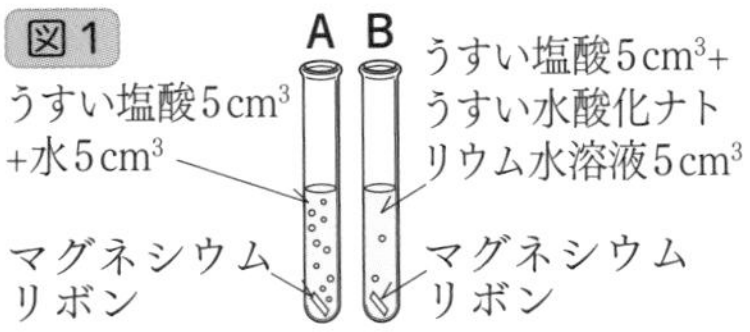

〔実験２〕 ビーカーにうすい塩酸5 cm^3とうすい水酸化ナトリウム水溶液5 cm^3を入れ，BTB液を２，３滴加えると，溶液の色は黄色になった。次に，うすい水酸化ナトリウム水溶液1 cm^3を加えると，溶液の色は青色になった。さらに，**図２**のようにこまごめピペットを用いてうすい塩酸を１滴ずつ加え，そのたびにガラス棒でかき混ぜる操作を，溶液の色が緑色になるまでくり返した。その後，緑色になった溶液をスライドガラスに１滴とり，水分を蒸発させて，残ったものを顕微鏡で観察すると**図３**のような結晶が見えた。

図２

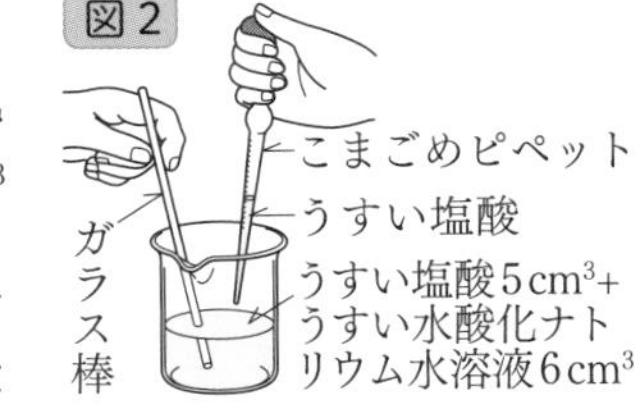

図３

□(1) 塩酸は，塩化水素が水に溶けたものである。塩化水素が電離してできる陽イオンと陰イオンは何か，それぞれ化学式を用いて書きなさい。(6点×2)

陽イオン(　　　)　陰イオン(　　　)

□(2) 実験１の**A**，**B**で発生した気体は同じであった。その気体の名称を書きなさい。(6点)

(　　　)

□(3) 実験１の**B**では，**A**と比べ気体がおだやかに発生したのはなぜか，簡単に書きなさい。(6点)

(　　　)

□(4) 次の文は，実験２で溶液の色を緑色にするとき，うすい塩酸を１滴ずつ加えた理由について述べたものである。①，②の(　)の中から，適するものをそれぞれ１つずつ選び，記号で答えなさい。(6点×2)

①(　　　)　②(　　　)

溶液の色が緑色になる直前では，少量のうすい塩酸により，溶液の色の変化が①(**ア** 急に　**イ** ゆっくりと) 起こるので，うすい塩酸を加えすぎて溶液の色が②(**ア** 青　**イ** 黄) 色にならないようにするためである。

★重要 □(5) うすい塩酸とうすい水酸化ナトリウム水溶液を混ぜたときに起こった化学変化を，化学反応式で書きなさい。(6点)

(　　　)

□(6) **図３**の結晶は何か，物質名を書きなさい。(6点)

(　　　)

Check Points　**1** 水酸化ナトリウム水溶液に塩酸を加えていくと，中和が起こり，お互いの水溶液の性質を打ち消し合うことが，BTB液の色の変化でわかる。

入試攻略Points
(→別冊 p.13)

❶塩酸と水酸化ナトリウム水溶液の電離のようすを，化学式で表せるようにしておこう。
❷酸とアルカリの性質を示すもとになるイオンはそれぞれ H^+ と OH^- である。
❸中和とイオンの数の変化をグラフで理解しておこう。

2 ［イオンの移動］右の図のように，硝酸(しょうさん)カリウム水溶液をしみこませたろ紙の上に，青色リトマス紙，赤色リトマス紙を置き，中央に塩酸をしみこませたろ紙を置いて電流を流し，リトマス紙の色の変化を調べた。**次の問いに答えなさい。**

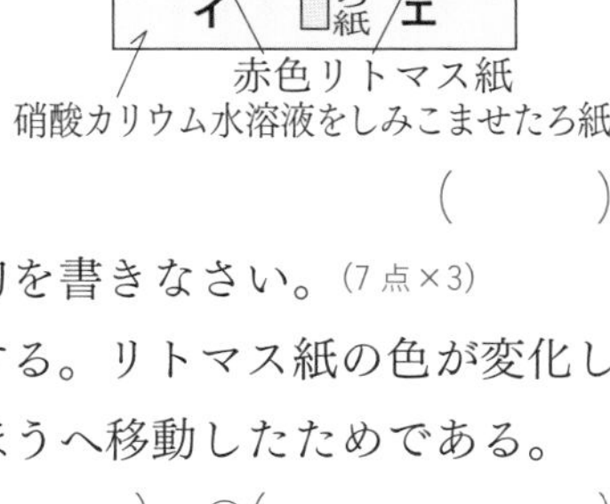

□(1) 電流を流したとき，色の変化したリトマス紙があった。それは**ア**～**エ**のどのリトマス紙か，適切なものを1つ選び，記号で答えなさい。(7点)　(　　)

□(2) この実験について述べた次の文章の①～③にあてはまる語句を書きなさい。(7点×3)

塩酸中の［①］したイオンはそれぞれ陽極，陰極へ移動する。リトマス紙の色が変化したのは，酸性を示す原因となる［②］イオンが［③］極のほうへ移動したためである。

①(　　)　②(　　)　③(　　)

3 ［中和とイオン］右の図のように，BTB液を加えた水酸化ナトリウム水溶液に，こまごめピペットで塩酸を少しずつ加えていった。**次の問いに答えなさい。**

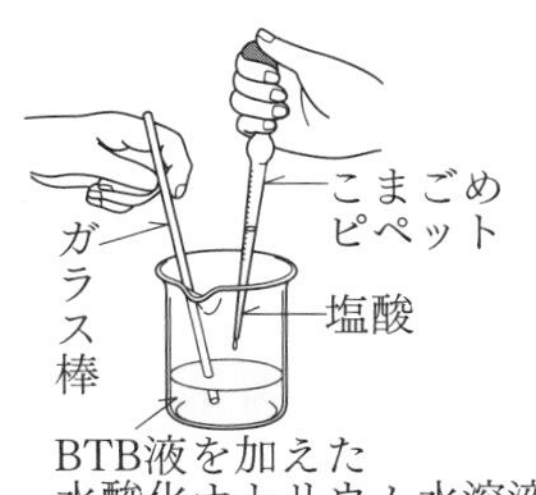

□(1) この実験について，正しいことを述べている文はどれか，次の**ア**～**オ**からすべて選び，記号で答えなさい。(8点)(　　)

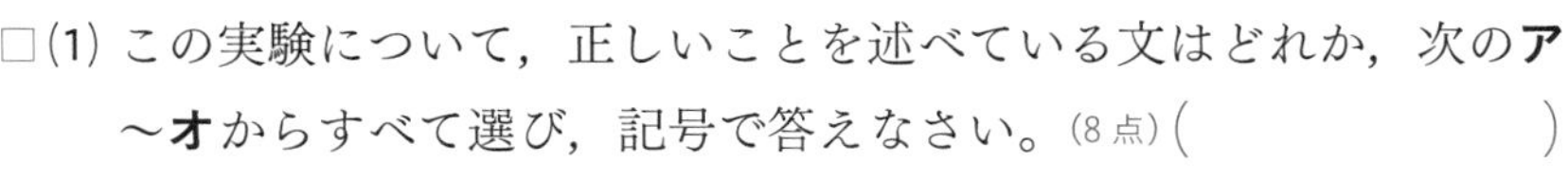

ア 塩酸を1滴加えたときから，中和は起こり始める。

イ 塩酸を加えていくと，水溶液のアルカリ性は弱まっていく。

ウ 塩酸を加えるとき，水溶液が中性にならないと塩(えん)はできない。

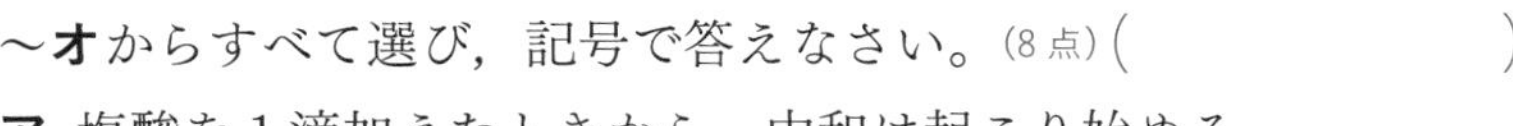

エ 塩酸を加えるとき，塩のほかに水もできている。

オ 塩酸を加えるとき，水溶液が中性になったあとも中和は起こる。

差がつく □(2) 塩酸を加え続けたとき，水溶液中の①水酸化物イオンと②塩化物イオンの数はどうなるか，右の**ア**～**エ**のグラフからそれぞれ適切なものを1つずつ選び，記号で答えなさい。ただし，グラフの横軸(じく)は加えた塩酸の体積を，縦軸はイオンの数を表しているものとします。(8点×2)　①(　　)　②(　　)

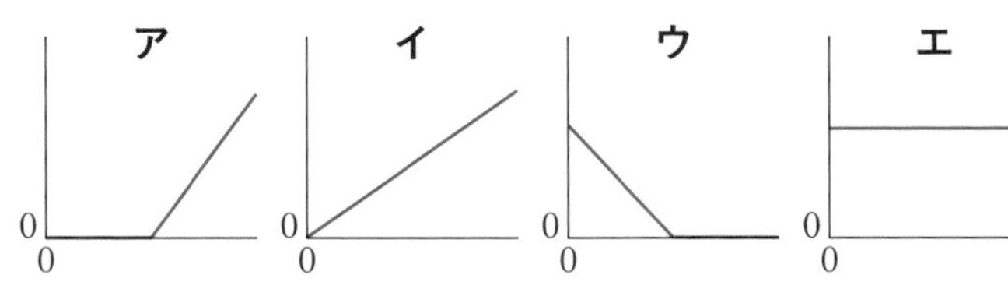

記述問題にチャレンジ

中和によってできる塩とは何か，**「酸」，「アルカリ」，「イオン」という語句を用いて書きなさい。**［　　］

Check Points

2 塩酸は，$HCl \longrightarrow H^+ + Cl^-$ のように電離している。H^+は陰極のほうへ移動する。
3 水酸化ナトリウムの OH^- と塩酸の H^+ が反応し，$H^+ + OH^- \longrightarrow H_2O$ となる。

入試重要度 A B C

月　日

科学技術の発展と人間の生活

時間 40分
合格点 80点
得点　　点

解答⇨別冊 p.14

1 ［エネルギー］次の会話文を読んで，**あとの問いに答えなさい。**〔三重－改〕

> 先生：石油，石炭，天然ガスなどの化石燃料を用いた①火力発電は，資源の枯渇や環境への影響が課題になってきています。これからは，資源の有効利用や②地球温暖化などについて考える必要があります。
>
> 生徒：エネルギーを効率よく利用するために，工場やビルなどでは，自家発電によって電気エネルギーを得て，そのときに発生する排熱を給湯や暖房に利用する［　X　］が実用化されていると聞いたことがあります。
>
> 先生：よく知っていますね。ところで，新しいエネルギー資源を利用した発電は知っていますか。
>
> 生徒：はい。③バイオマス発電があります。森林の間伐材を燃料にしたり，稲わらなどの植物繊維や家畜の糞尿から得られるアルコールやメタンを利用したりして，発電します。
>
> 先生：これからは，地球全体の環境について考えていく必要があります。

□(1) 下線部①について，右の図は火力発電における，石油から始まるエネルギーの移り変わりを模式的に表したものである。図の**A**～**C**に入る語句として最も適当なものはどれか，次の**ア**～**オ**からそれぞれ1つずつ選び，記号で答えなさい。(6点×3)

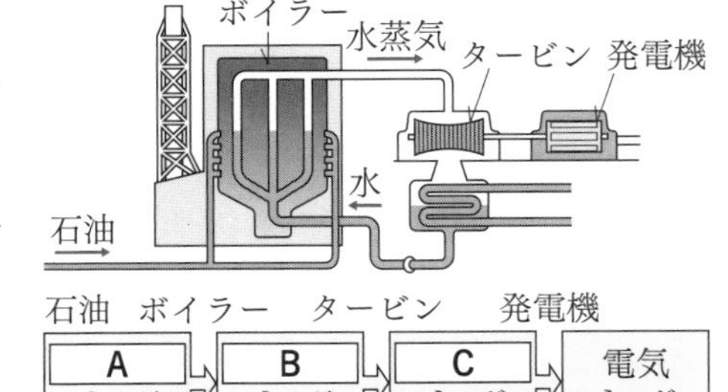

A(　　　)　B(　　　)　C(　　　)

ア 位置　**イ** 運動　**ウ** 核
エ 熱　**オ** 化学

□(2) 文中の**X**にあてはまるシステムは何か，その名称を書きなさい。(6点)

(　　　　　　　　)

□(3) 化石燃料の大量消費により発生した二酸化炭素は大気中にたまり，地球から宇宙へ出ていくはずの熱を吸収し，下線部②の地球温暖化の原因と考えられている。二酸化炭素のように地球温暖化の原因となる気体を何ガスというか，名称を書きなさい。(6点)

(　　　　　　)

□(4) 下線部③について，バイオマス発電は資源の枯渇に備えて，近年，開発されてきた発電方法の1つである。化石燃料が限りあるエネルギー資源であるのに対して，バイオマス発電に利用される間伐材や，稲わらなどの植物繊維，家畜の糞尿が遠い将来まで利用できるエネルギー資源であると考えられるのはなぜか，その理由を簡単に書きなさい。(8点)

(　　　　　　　　　　　　　　　　　　　　)

✓ Check Points

1 化石燃料を燃やす⟹化学変化⟹熱が発生⟹熱で水蒸気をつくり，タービンにふきつける⟹タービンが回転⟹発電機が回転⟹電流をとり出す

入試攻略Points
(→別冊 p.14)

❶水力発電，火力発電，原子力発電におけるエネルギーの移り変わりを，図で理解しておこう。
❷エネルギー資源の特徴と環境への影響のありかたを理解しておこう。

2 ［化学変化とエネルギー］電池について，次の実験を行った。**あとの問いに答えなさい。**

〔福井－改〕

図1

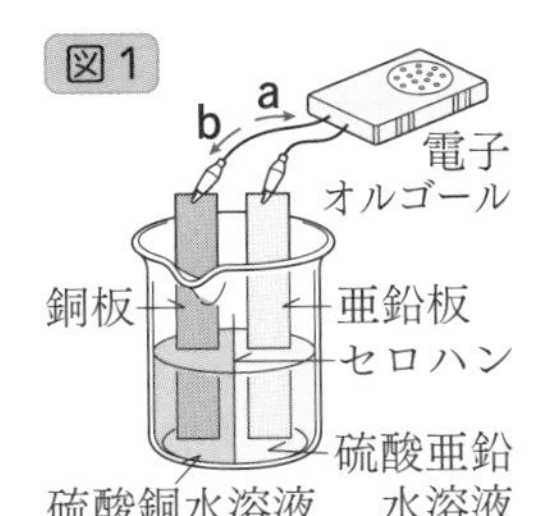

〔実験1〕 **図1**のように，イオンが通る小さい穴のあいたセロハンで区切ったビーカーに，硫酸銅水溶液と銅板，硫酸亜鉛水溶液と亜鉛板をそれぞれ入れて電子オルゴールをつなぐと音が鳴った。

〔実験2〕 **図2**のように，簡易電気分解装置で，水に水酸化ナトリウムを加えて電流を流すと気体が発生した。しばらくしてから電源装置をはずし，電極に電子オルゴールをつなぐと音が鳴った。

図2

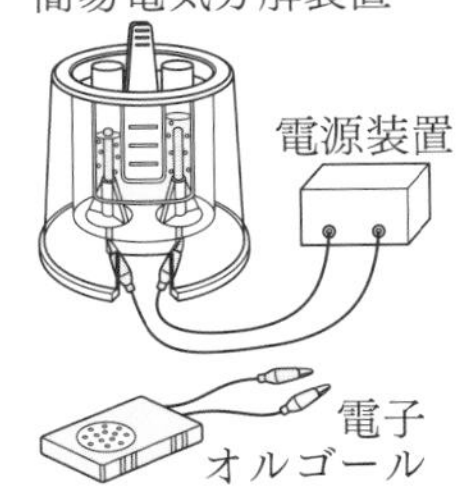

□(1) 実験1で，電子オルゴールが鳴っているとき，銅板と電子オルゴールをつなぐ導線を流れる電子の向きと電流の向きはどれか，最も適当な組み合わせを次の表の**ア～エ**から1つ選び，記号で答えなさい。(6点)

	ア	イ	ウ	エ
電子の流れる向き	a	b	a	b
電流の流れる向き	b	a	a	b

(　　)

重要 □(2) 実験1で，電子オルゴールが鳴っているとき，水溶液中で増加するイオンは何か，化学式で書きなさい。(6点) (　　)

□(3) 実験1で，電子オルゴールが鳴っているときに，亜鉛板の表面で起こる化学変化を，電子 e^- を用いた化学反応式で書きなさい。(8点) (　　)

重要 □(4) 実験2で，簡易電気分解装置の陽極から発生する気体は何か，その名称を書きなさい。(8点) (　　)

□(5) また，(4)の気体をほかの反応で発生させるには，次の**ア～オ**のどれとどれを用いたらよいか，最も適当な物質を2つ選び，記号で答えなさい。(8点) (　・　)

ア 亜鉛　**イ** 石灰石　**ウ** オキシドール　**エ** うすい塩酸　**オ** 二酸化マンガン

□(6) 実験2で，電子オルゴールが鳴っているときに，簡易電気分解装置で起きている化学変化を，化学反応式で書きなさい。(8点) (　　)

□(7) (6)のような化学反応により電流をとり出す装置を何といいますか。(6点) (　　)

□(8) 次の文の①，②にあてはまる語句を書きなさい。(6点×2)

実験1と実験2の電池は，[①]エネルギーを電気エネルギーに，また光電池は[②]エネルギーを電気エネルギーに変換している。 ①(　　) ②(　　)

記述問題にチャレンジ

再生可能エネルギーとは何か，**例を2つあげて説明しなさい。** [　　]

Check Points

2 実験1…亜鉛が電子を残してイオンとなって溶液中に溶け出す。
実験2…発生した水素と酸素が反応して水ができるとき，電流をとり出すことができる。

月　日

総仕上げテスト ①

時間 50分　合格点 80点　得点　点

解答⇨別冊 p.14

1 **図1**のように，紙コップの底に表がN極，裏がS極の磁石を貼り，筒に巻いたコイルと組み合わせ，マイクロホンのはたらきをする装置をつくった。**次の問いに答えなさい。**〔富山〕

図1

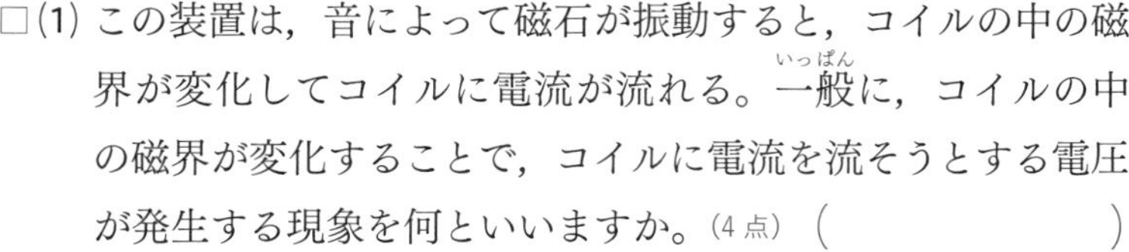
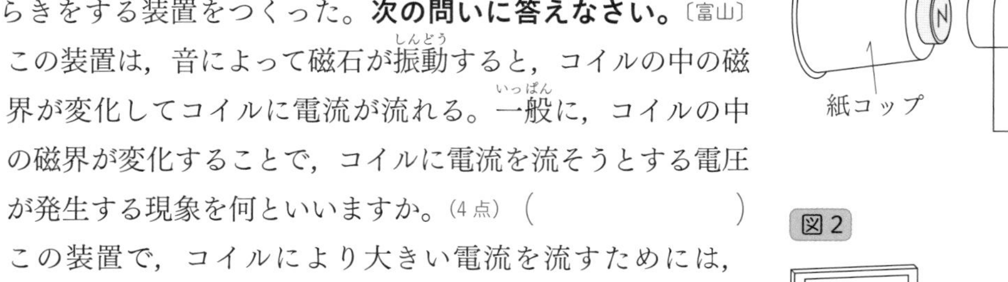

□(1) この装置は，音によって磁石が振動すると，コイルの中の磁界が変化してコイルに電流が流れる。一般に，コイルの中の磁界が変化することで，コイルに電流を流そうとする電圧が発生する現象を何といいますか。(4点)（　　　）

□(2) この装置で，コイルにより大きい電流を流すためには，①コイルの巻き数，②磁石の磁力を，それぞれどのようにすればよいですか。(4点×2)

①（　　　）　②（　　　）

図2

□(3) **図2**のように，この装置をコンピュータにつなぎ，紙コップの前で，音の高さが異なる4種類のおんさを鳴らした。右の図の**ア**～**エ**のグラフは，このとき測定された音の振動のようすをコンピュータの画面に表したものである。**ア**～**エ**を音の高い順に並べなさい。ただし，横軸は時間，縦軸は振動の幅を表し，グラフの1目盛りの大きさはどれも同じです。(5点)

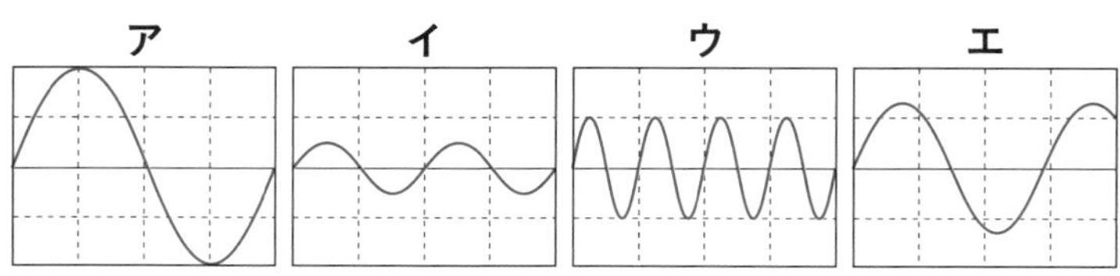

（　→　→　→　）

2 0.1gのマグネシウムリボンに一定量のうすい塩酸を加え，そのとき発生する気体を**図1**のようにメスシリンダーに集めてその体積をはかった。同様の実験をマグネシウムリボンの質量だけを変えて行い，表の結果を得た。**次の問いに答えなさい。**(4点×4)〔島根－改〕

図1

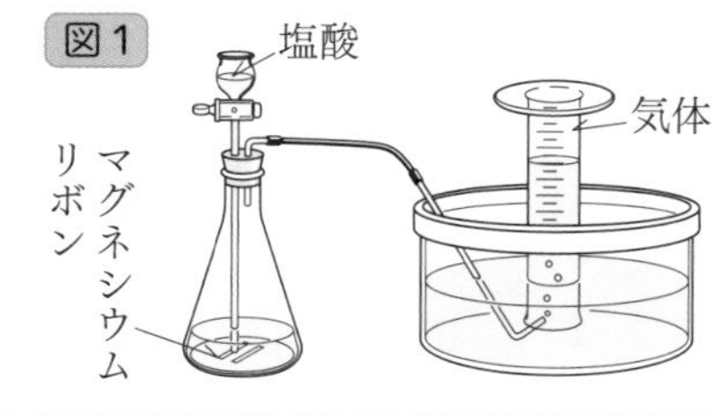

□(1) **図1**のような気体の集め方を何といいますか。

（　　　）

マグネシウムリボンの質量〔g〕	0.1	0.3	0.6	1.0
発生した気体の体積〔cm³〕	100	300	400	400

□(2) この実験で発生する気体の名称を書きなさい。（　　　）

□(3) 実験の結果をもとに，マグネシウムリボンの質量と発生する気体の体積の関係を表すグラフを**図2**に描き入れなさい。

□(4) この実験で発生する気体と，酸素との化学変化を利用して電気エネルギーをとり出す装置の名称を書きなさい。

（　　　）

図2

気体の体積〔cm³〕 0 100 200 300 400

マグネシウムリボンの質量〔g〕 0 0.2 0.4 0.6 0.8 1.0

3 ビーカーP，Qを用意し，ビーカーPには食塩を，ビーカーQには硝酸カリウムをそれぞれ32 gずつ入れた。その後，ビーカーP，Qそれぞれに45 ℃の水100 gを加えてよくかき混ぜたところどちらもすべて溶けた。次に，ビーカーP，Qの水溶液の温度をビーカーごとゆっくり下げたところ，ビーカーPでは食塩の結晶は出てこなかったが，ビーカーQでは硝酸カリウムの結晶が出てきた。右のグラフは，100 gの水に溶ける食塩と硝酸カリウムの質量と水の温度の関係を示したものである。**次の問いに答えなさい。**（5点×2）〔宮城－改〕

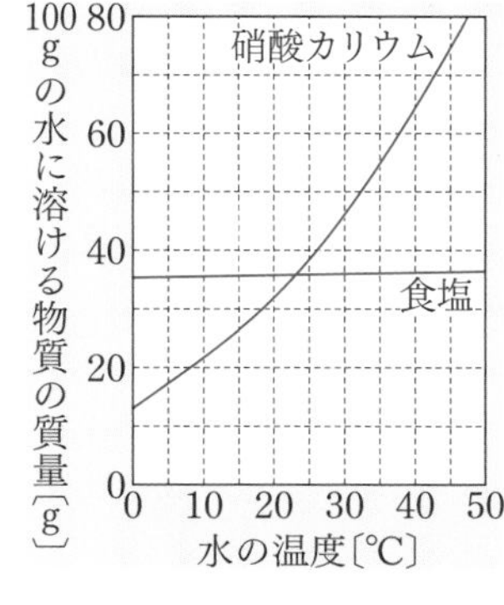

□(1) ビーカーQで結晶が出始める温度はおよそ何℃ですか。（　　　　）

□(2) ビーカーPの水溶液の温度を10 ℃まで下げても結晶は出てこない。その理由を書きなさい。
（　　　　　　　　　　　　　　　　　　　　）

4 次の実験について，**あとの問いに答えなさい。**〔長野－改〕

〔実験1〕 **図1**の装置をつくり，スライド写真の像を白壁にはっきりとうつしてみた。

〔実験2〕 **図1**の装置の光源が暗くなったので，電源の乾電池Pを別の乾電池Qと交換した。すると，光源は再び明るくなった。P，Qの違いを調べようと，5 Ωの電熱線を用いた**図2**の回路で，P，Qそれぞれを電源にした場合の電圧と電流を測定した。

図1
スライド写真を差しこむ　凸レンズ　光源　外箱　内箱

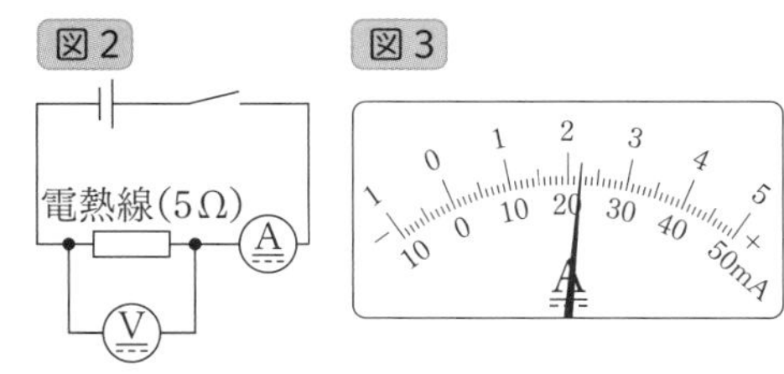

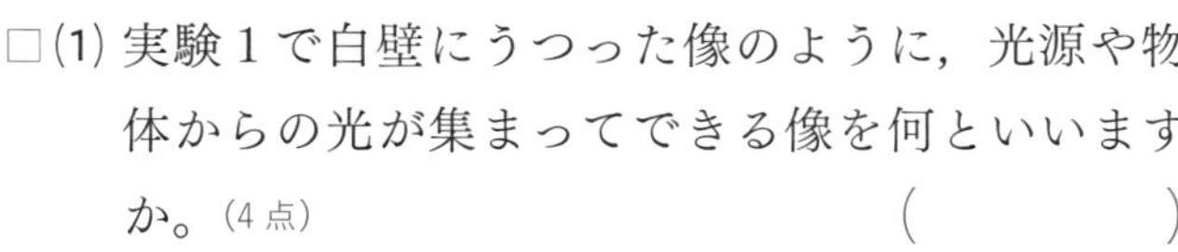

□(1) 実験1で白壁にうつった像のように，光源や物体からの光が集まってできる像を何といいますか。（4点）（　　　　）

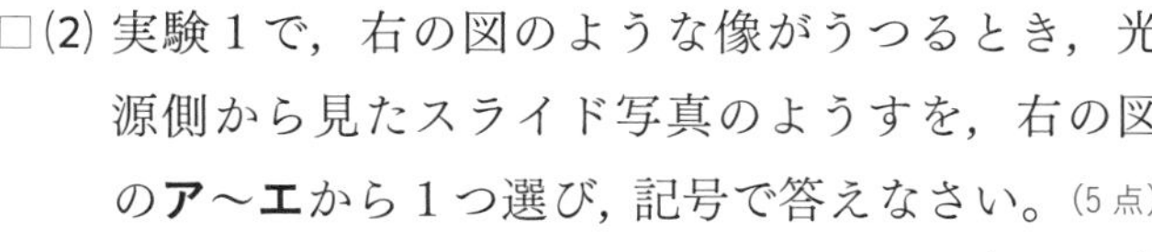

□(2) 実験1で，右の図のような像がうつるとき，光源側から見たスライド写真のようすを，右の図の**ア**～**エ**から1つ選び，記号で答えなさい。（5点）（　　　）

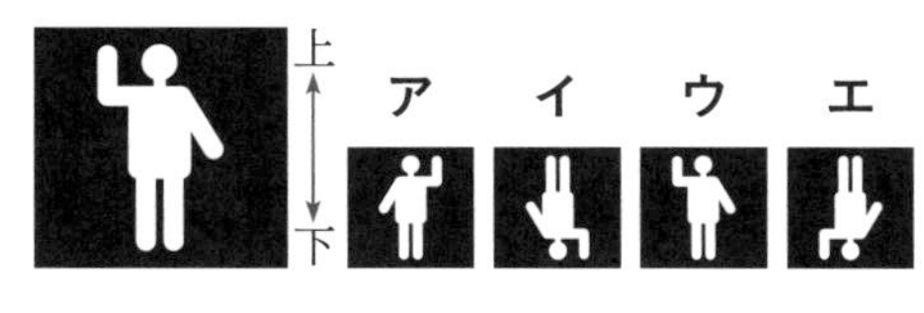

□(3) 実験2で，Pが電源の回路をつくるとき，電圧の値が1.5 Vよりやや小さいと予想し，電流計の－端子を選んだ。スイッチを入れると，電流計の目盛りは**図3**のようになった。電流の大きさを単位をつけて書きなさい。ただし，この電流計の－端子は，5 A，500 mA，50 mAの3種類です。（5点）（　　　　）

□(4) Qが電源のとき，電圧計は1.4 Vを示した。次の文章の①に入る語句と，②に入る小数第2位を四捨五入した数値を書きなさい。（5点×2）①（　　　）②（　　　）

電気器具が光や熱，音などを出すときの能力は［①］(単位W)で表され，これは電圧や電流の値が大きいほど大きい。実験2で，電源をQにすると，電圧の値も電流の値も，Pのときの約［②］倍になるので，［①］はQを用いたときのほうが大きかったといえる。

5 次の実験について，**あとの問いに答えなさい。**

〔実験1〕 **図1**のように，おもりをつけた滑車(かっしゃ)を糸でばねばかりにとりつけ，おもりを基準面より5 cmの高さまでゆっくり引き上げた。このときばねばかりの目盛りは0.68 Nを示していた。

〔実験2〕 実験1と同じおもりと滑車を用いて，**図2**のようにして，おもりを基準面より5 cmの高さまでゆっくりと引き上げた。このとき，ばねばかりの目盛りは0.34 Nを示していた。

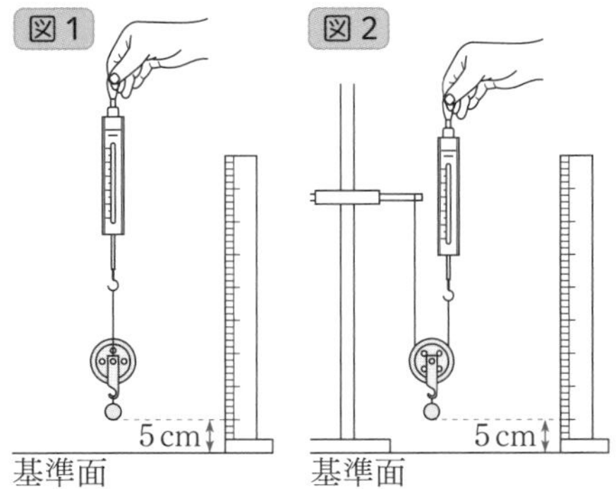

□(1) 実験1，2のように，おもりを基準面より高い位置に引き上げて静止させたとき，おもりがもっているエネルギーを何といいますか。(4点)　(　　　　　　)

□(2) 次の文章は，動滑車として使う場合と使わない場合で，糸を引く力の大きさ，糸を引いた距離(きょり)，仕事の量の間にどのような関係があるかを述べたものである。文章中の①～③に入る適切な数値を書きなさい。(4点×3)　①(　　　　)　②(　　　　)　③(　　　　)

動滑車として使う場合は，使わない場合に比べて，糸を引く力の大きさは[　①　]倍になっており，糸を引いた距離は[　②　]倍になっている。このことから，仕事の量はどちらの場合も[　③　]Jとなり，等しいことがわかる。

□(3) 実験1，2と同じおもりと滑車，重さが無視できる軽いストローなどを用いて，**図3**の装置を組み立てた。この装置を使って，2つのおもりを基準面から5 cmの高さまでゆっくり引き上げたところ，糸を引いた距離は20 cmであった。おもりを引き上げるときのばねばかりの目盛りは何Nを示しますか。(5点)

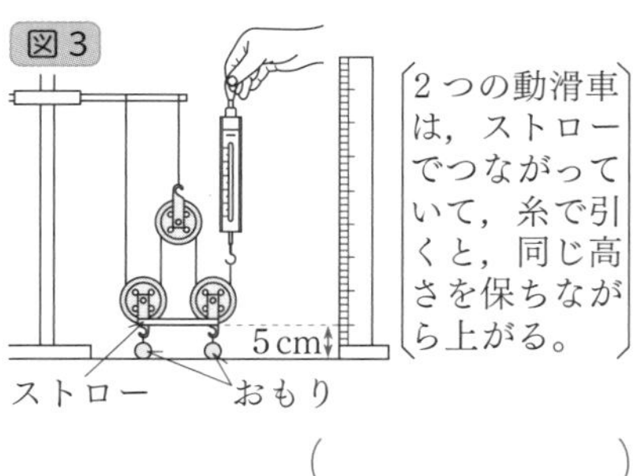

(　　　　)

□**6** 右の図のように，イオンが通る小さい穴のあいたセロハンで区切った容器に，硫酸(りゅうさん)銅水溶液(すいようえき)と銅板，硫酸亜鉛(あえん)水溶液と亜鉛板をそれぞれ入れて，導線でモーターにつなぐと，電流が流れてモーターが回った。このしくみについて，**次の文章の①～③に適する語句を入れなさい。**(4点×3)〔愛知－改〕

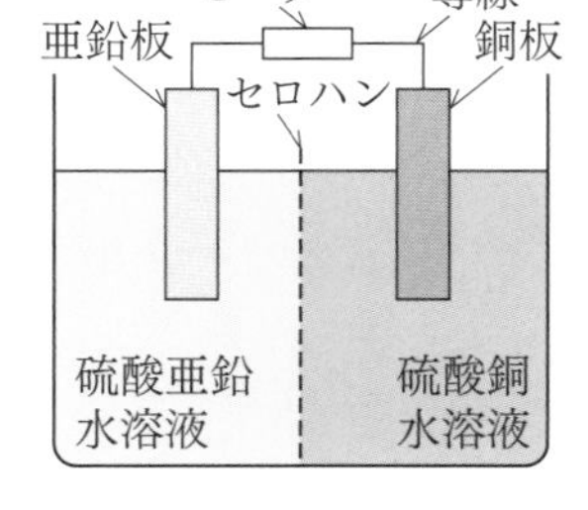

①(　　　　　　)　②(　　　　　　)　③(　　　　　　)

亜鉛板の表面で，亜鉛の原子が[　①　]を失って[　②　]になり，硫酸亜鉛水溶液の中に溶(と)け出していく。

亜鉛板に残された[　①　]は導線を通って銅板に向かって移動し，銅板の表面では硫酸銅水溶液の中の[　③　]が電子を受けとる。このとき，電流は導線を銅板から亜鉛板に向かって流れ，モーターが回る。

月　日

総仕上げテスト ②

時間 50分　合格点 80点　得点　点

解答 ⇨ 別冊 p.15

1 光の性質について，次の実験を行った。**あとの問いに答えなさい。**〔愛媛〕

〔実験〕 **図1**のように，正方形のマス目の描かれた厚紙の上に，透明で底面が台形である四角柱のガラス**X**と，スクリーンを置き，光源装置から出た光の進み方を調べた。**図2**は，点**P**を通り点**Q**からガラス**X**に入る光**a**の道筋を厚紙に記録したものである。次に，光源装置を移動し，**図2**の点**R**を通り点**S**に進む光**b**の進み方を調べると，光**b**は，面**A**で屈折してガラス**X**に入り，ガラス**X**の中で面**B**，**C**で反射したあと，面**D**で屈折してガラス**X**から出てスクリーンに達した。このとき，面**B**，**C**では，通り抜ける光はなく，全ての光が反射していた。

図1〔ガラス**X**は，側面が底面に垂直である。〕

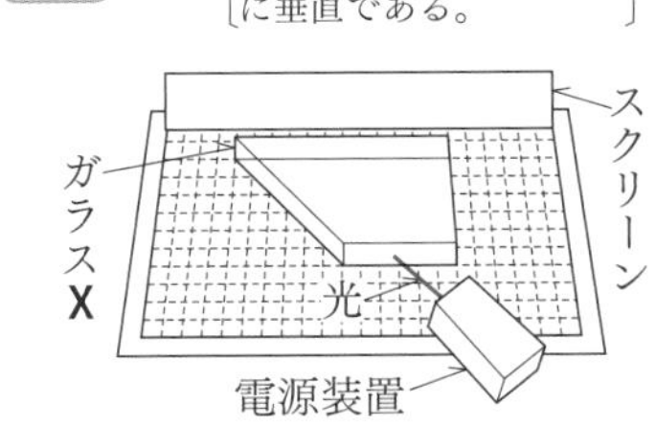

図2〔図中のガラス**X**は，ガラス**X**の形をうつしとったものである。〕

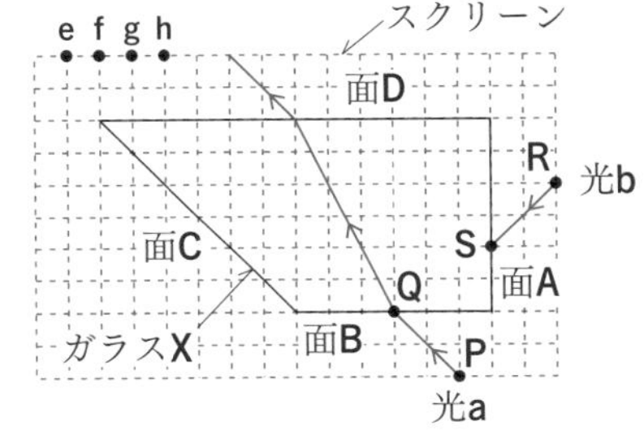

□(1) 次の文章の①，②の（　）の中から，それぞれ適当なものを1つずつ選び，記号で答えなさい。また，③にあてはまる適当な語句を書きなさい。(4点×3)

光がガラスから空気中へと屈折して進むとき，屈折角は入射角より ①(**ア** 大きく　**イ** 小さく) なる。このとき，入射角を ②(**ア** 大きく　**イ** 小さく) していくと，下線部のような反射が起こる。この下線部のように反射する現象を［ ③ ］という。

①(　　) ②(　　) ③(　　　　)

□(2) **図2**の点**e**～**h**のうち，光**b**が達する点として，適当なものを1つ選び，**e**～**h**の記号で答えなさい。(5点)　(　　)

2 次の①～③の手順で中和の実験を行った。**あとの問いに答えなさい。**(5点×3)〔新潟－改〕

① ビーカー**A**，**B**，**C**を用意し，ビーカー**A**にはうすい塩酸を，ビーカー**B**にはうすい水酸化ナトリウム水溶液を，それぞれ60 cm³ずつ入れた。ビーカー**C**に，ビーカー**A**のうすい塩酸10 cm³を注ぎ，ある薬品を数滴加えたところ，ビーカー**C**の水溶液は黄色になった。

② ①で黄色になったビーカー**C**の水溶液に，ビーカー**B**のうすい水酸化ナトリウム水溶液10 cm³を加え，よく混ぜたところ，ビーカー**C**の水溶液は青色になった。

③ ②で青色になったビーカー**C**の水溶液に，ビーカー**A**のうすい塩酸2 cm³を加え，よく混ぜたところ，ビーカー**C**の水溶液は緑色になった。

□(1) ①でビーカー**C**に数滴加えた薬品は何か，次の**ア**～**エ**から1つ選び，記号で答えなさい。

ア ベネジクト液　**イ** ヨウ素液　**ウ** 酢酸カーミン液　**エ** BTB液　(　　)

□(2) ②について，青色になったビーカー**C**の水溶液中で最も数が多いイオンは何か，そのイオンの化学式を書きなさい。　(　　)

□(3) ③のあとに，ビーカー**A**に残っているうすい塩酸48 cm³を中性にするためには，ビーカー**B**のうすい水酸化ナトリウム水溶液が何cm³必要ですか。　(　　)

3 次の実験について，**あとの問いに答えなさい。**〔石川－改〕

〔実験〕 水を入れたビーカーの中に，食塩を入れてかき混ぜたところ，食塩は完全に溶けて，水溶液が透明になった。このビーカーに，物体**X**を上から入れると，水中に沈んでいき，**図1**のように，底に接触した状態で静止した。次に，物体**X**をとり出し，ビーカーにさらに食塩を入れ，かき混ぜた。このビーカーに，物体**X**を上から入れると，**図2**のように，物体**X**の一部が水中に沈んだ状態で静止した。その後，ビーカーに水を上から入れたところ，物体**X**はゆっくり沈んでいき，**図3**のように，水中で静止した。

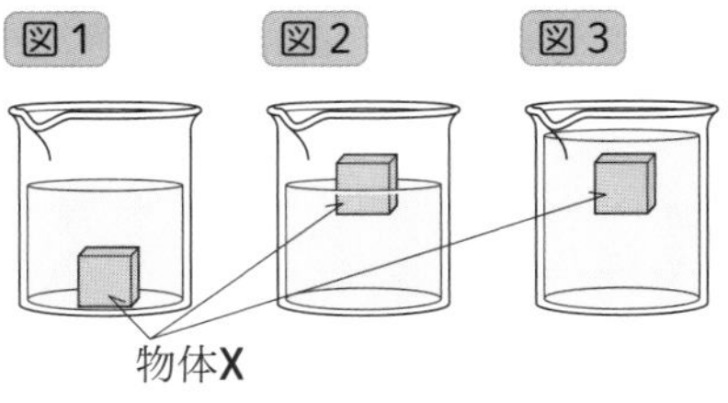

□(1) 水 200 g に食塩 50 g を溶かした水溶液の質量パーセント濃度は何％ですか。(5点)

（　　　　）

□(2) **図1**，**図2**，**図3**の物体**X**にはたらく浮力の大きさをそれぞれ**a**，**b**，**c**とする。**a**，**b**，**c**の関係を正しく表している式はどれか，次の**ア〜オ**から最も適切なものを1つ選び，記号で答えなさい。また，そう判断した理由を書きなさい。(5点×2)　記号（　　）

理由（　　　　）

ア $a = b = c$　**イ** $a = c > b$　**ウ** $a = c < b$　**エ** $a < b = c$　**オ** $a < c < b$

4 電流回路について，回路による消費電力の違いを調べるため，次の実験を行った。**あとの問いに答えなさい。**(5点×3)〔福井－改〕

〔実験〕 **図1**のように，36 Ωの抵抗器を用いた回路Ⅰと，20 Ωと 30 Ωの抵抗器を組み合わせてつないだ回路Ⅱをつくった。それぞれに電源電圧 12 V を加え，電流と電圧を測定する実験を行った。測定結果から，電流を流し始めてからの時間と回路全体の消費電力の関係をグラフに表したところ，**図2**のようになった。回路Ⅱは<u>電流を流し始めてから 8.0 秒後に端子に接続されているクリップ**a**，**b**，**c**のいずれか1つをはずした</u>ため，消費電力が変化している。

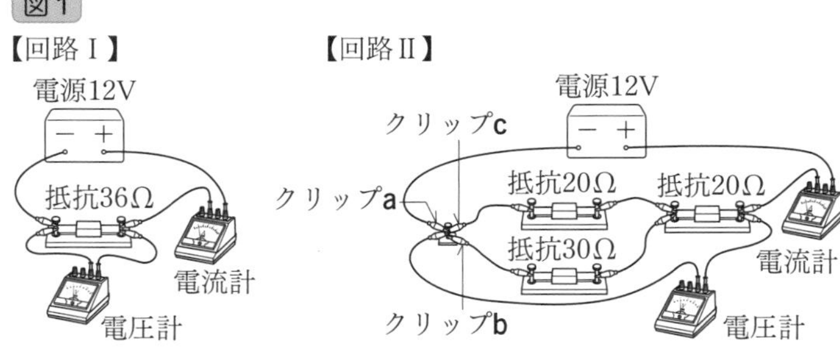

図2

回路全体の消費電力〔W〕 5.0 4.5 4.0 3.6
回路Ⅱ
回路Ⅰ
0 10 20
時　間〔秒〕

□(1) 回路Ⅰに流れる電流の大きさは何Aか，四捨五入して小数第2位まで書きなさい。（　　　）

□(2) 下線部について，電流を流し始めてから 8.0 秒後にはずしたクリップはどれか。**a**，**b**，**c**から1つ選び，記号で答えなさい。（　　）

□(3) 回路Ⅰ，回路Ⅱそれぞれの回路全体で消費した電力量が等しくなるのは，電流を流し始めてから何秒後ですか。（　　　　）

5 黒色の酸化銅と炭素の粉末をよく混ぜ合わせた。これを右の図のように，試験管**P**に入れて加熱すると，気体が発生して，試験管**Q**の液体**Y**が白く濁(にご)り，試験管**P**の中に赤色の物質ができた。試験管**P**が冷めてから，この赤色の物質をとり出し，性質を調べた。**次の問いに答えなさい。**〔愛媛－改〕

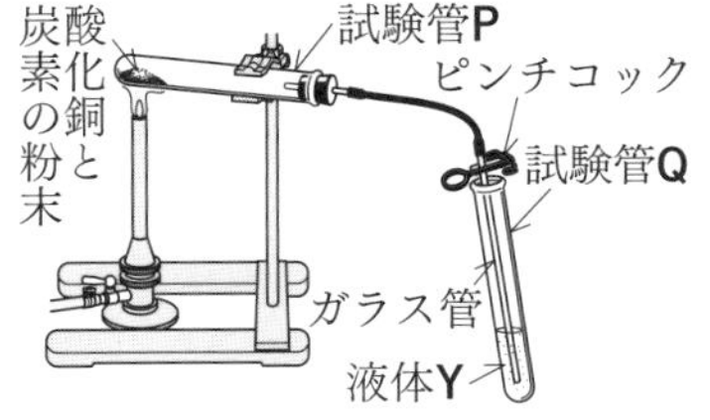

□(1) 液体**Y**が白く濁ったことから，発生した気体は二酸化炭素であるとわかった。試験管**Q**の液体**Y**は何か，名称(めいしょう)を書きなさい。(4点)　(　　　　)

□(2) 酸化銅と炭素が反応して赤色の物質と二酸化炭素ができる化学変化を，化学反応式で表しなさい。(4点)　(　　　　)

□(3) 図と同じ方法で黒色の酸化銅 2.00 g と炭素の粉末 0.12 g を反応させたところ，二酸化炭素が発生し，試験管**P**には黒色の酸化銅と赤色の銅の混合物が 1.68 g 残った。このとき，発生した二酸化炭素の質量と試験管**P**に残った黒色の酸化銅の質量はそれぞれ何 g ですか。ただし，酸化銅にふくまれる銅と酸素の質量の比は 4：1 であり，試験管**P**の中では酸化銅と炭素との反応以外は起こらず，炭素はすべて反応したものとします。(5点×2)

二酸化炭素(　　　　)　酸化銅(　　　　)

6 右の図のように，2本のまっすぐなレールをなめらかにつなぎ合わせて傾(かたむ)きが一定の斜面(しゃめん)と水平面をつくり，斜面上に球を置いて手で支え，静止させた。手を静かにはなし，球がレール上を動き始めたのと同時に，0.1 秒ごとにストロボ写真(連続写真)を撮影(さつえい)した。右の表は，球が動き始めてからの時間と，球が静止していた位置からレール上を動いた距離(きょり)を，撮影した写真から求めてまとめたものの一部である。**次の問いに答えなさい。**ただし，球にはたらく摩擦(まさつ)力や空気の抵抗はないものとし，球がレールを離(はな)れることはないものとします。〔京都〕

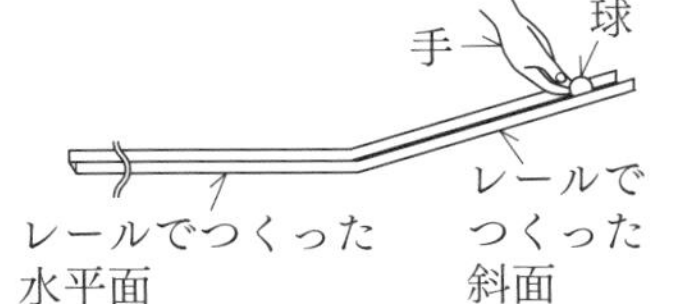

球が動き始めてからの時間〔s〕	0.1	0.2	0.3	0.4	0.5	0.6	0.7	0.8
球が静止していた位置からレール上を動いた距離〔cm〕	1.5	6.0	13.5	24.0	36.0	48.0	60.0	72.0

□(1) 球が動き始めてからの時間が 0.2 秒から 0.3 秒までの間における，球がレール上を動いた平均の速さは何 cm/s ですか。(5点)　(　　　　)

□(2) 表から考えて，球が静止していた位置からレール上を動いた距離が 120.0 cm に達したのは，球が動き始めてからの時間が何秒のときですか。ただし，水平面は十分な長さがあったものとします。(5点)　(　　　　)

□(3) 球が動き始めてから①0.1秒から0.3秒までの間，および②0.6秒から0.8秒までの間における，球にはたらく進行方向に平行な力について述べたものとして適当なものを，次の**ア**～**エ**からそれぞれ1つずつ選び，記号で答えなさい。(5点×2)　①(　　)　②(　　)

ア 一定の大きさではたらき続ける。　**イ** はたらき続け，しだいに大きくなる。
ウ はたらき続け，しだいに小さくなる。　**エ** はたらいていない。

試験における実戦的な攻略ポイント５つ

① 問題文をよく読もう！

問題文をよく読み，意味の取り違えや読み間違いがないように注意しよう。
選択肢問題や計算問題，記述式問題など，解答の仕方もあわせて確認しよう。

② 解ける問題を確実に得点に結びつけよう！

解ける問題は必ずある。試験が始まったらまず問題全体に目を通し，自分の解けそうな問題から手をつけるようにしよう。
くれぐれも簡単な問題をやり残ししないように。

③ 答えは丁寧な字ではっきり書こう！

答えは，誰が読んでもわかる字で，はっきりと丁寧に書こう。
せっかく解けた問題が誤りと判定されることのないように注意しよう。

④ 時間配分に注意しよう！

手が止まってしまった場合，あらかじめどのくらい時間をかけるべきかを決めておこう。解けない問題にこだわりすぎて時間が足りなくなってしまわないように。

⑤ 答案は必ず見直そう！

できたと思った問題でも，誤字脱字，計算間違いなどをしているかもしれない。ケアレスミスで失点しないためにも，必ず見直しをしよう。

受験日の前日と当日の心がまえ

前日

- 前日まで根を詰めて勉強することは避け，暗記したものを確認する程度にとどめておこう。
- 夕食の前には，試験に必要なものをカバンに入れ，準備を終わらせておこう。
  また，試験会場への行き方なども，前日のうちに確認しておこう。
- 夜は早めに寝るようにし，十分な睡眠をとるようにしよう。もし翌日の試験のことで緊張して眠れなくても，遅くまでスマートフォンなどを見ず，目を閉じて心身を休めることに努めよう。

当日

- 朝食はいつも通りにとり，食べ過ぎないように注意しよう。
- 再度持ち物を確認し，時間にゆとりをもって試験会場へ向かおう。
- 試験会場に着いたら早めに教室に行き，自分の席を確認しよう。また，トイレの場所も確認しておこう。
- 試験開始が近づき緊張してきたときなどは，目を閉じ，ゆっくり深呼吸しよう。

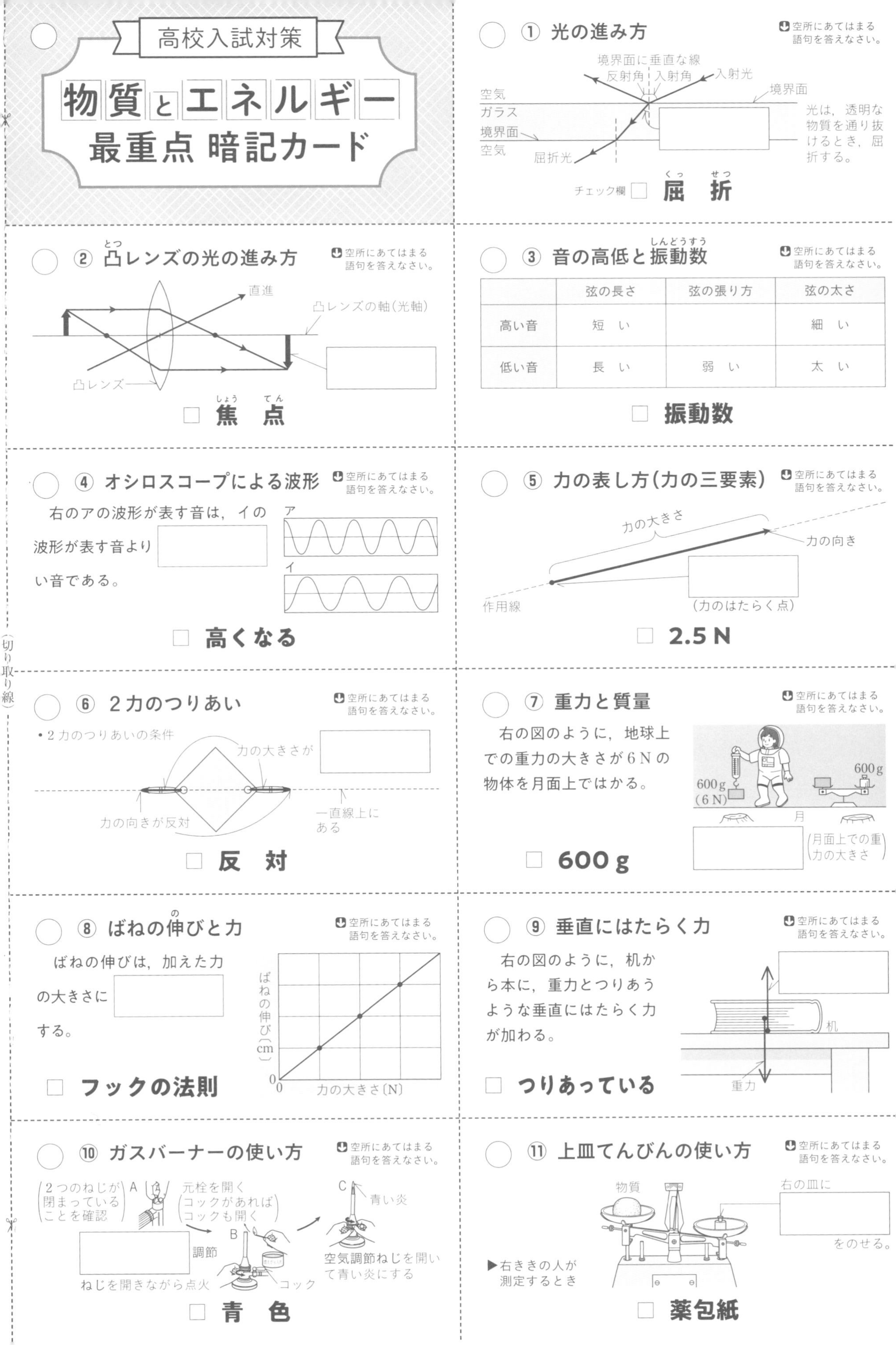

高校入試対策

物質とエネルギー 最重点 暗記カード

① 光の進み方

空所にあてはまる語句を答えなさい。

光は，透明な物質を通り抜けるとき，屈折する。

チェック欄 □ 屈折（くっせつ）

② 凸（とつ）レンズの光の進み方

空所にあてはまる語句を答えなさい。

□ 焦点（しょうてん）

③ 音の高低と振動数（しんどうすう）

空所にあてはまる語句を答えなさい。

	弦の長さ	弦の張り方	弦の太さ
高い音	短　い		細　い
低い音	長　い	弱　い	太　い

□ 振動数

④ オシロスコープによる波形

空所にあてはまる語句を答えなさい。

右のアの波形が表す音は，イの波形が表す音より［　　］い音である。

□ 高くなる

⑤ 力の表し方（力の三要素）

空所にあてはまる語句を答えなさい。

□ 2.5 N

⑥ 2力のつりあい

空所にあてはまる語句を答えなさい。

□ 反　対

⑦ 重力と質量

空所にあてはまる語句を答えなさい。

右の図のように，地球上での重力の大きさが6Nの物体を月面上ではかる。

□ 600 g

⑧ ばねの伸（の）びと力

空所にあてはまる語句を答えなさい。

ばねの伸びは，加えた力の大きさに［　　］する。

□ フックの法則

⑨ 垂直にはたらく力

空所にあてはまる語句を答えなさい。

右の図のように，机から本に，重力とつりあうような垂直にはたらく力が加わる。

□ つりあっている

⑩ ガスバーナーの使い方

空所にあてはまる語句を答えなさい。

□ 青　色

⑪ 上皿てんびんの使い方

空所にあてはまる語句を答えなさい。

▶右ききの人が測定するとき

□ 薬包紙

（切り取り線）

❶ 光の進み方

光が透明な物質(ガラスなど)を通り抜けるとき，折れ曲がって進むことを光の何といいますか。

□ **屈折角**

ヒント　光が透明な物質に斜めに入るとき，境界面で一部は反射され，一部は屈折して進む。

❸ 音の高低と振動数

高い音を出すには，弦の振動の何を多くすればよいですか。

□ **強　い**

ヒント　高い音を出すには，弦の長さを短く，弦の張り方を強く，弦の太さを細くすればよい。(振動数が多くなる。)

❺ 力の表し方(力の三要素)

5 N の力を右向き 6 cm の矢印で表したとき，右向き 3 cm の矢印では何 N の力の大きさを示しますか。

□ **作用点**

参考　力には，ふれ合ってはたらく力として，弾性力，摩擦力などがあり，離れてはたらく力として，重力，磁力，静電気の力などがある。

❼ 重力と質量

月面上で，質量 600 g の物体がある。この物体の質量を地球上ではかるといくらですか。

□ **1 N**

参考　物体の重力の大きさはばねばかりではかり，単位は N，質量は上皿てんびんではかり，単位は g，kg を使う。

❾ 垂直にはたらく力

机の上に本を置いたとき，本にはたらく重力と垂直抗力はどのようになっていますか。

□ **垂直抗力**

参考　机の上に置いた物体を引いても動かないときは，物体を引く力の向きとは反対向きの摩擦力がはたらいている。

⓫ 上皿てんびんの使い方

上皿てんびんで薬品などの質量をはかりとるとき，皿の上にしく，うすい紙を何といいますか。

□ **分　銅**

参考　上皿てんびんがつりあったかどうかは，指針が目盛りの中央で左右に等しく振れているかを見ればよい。

暗記カードの使い方

★ 理解しておきたい最重要事項を選びました。表面の□にあてはまる答えは裏面に，裏面の問題の答えは表面にあります。学習を進めて，確実に理解しよう。

★ ------線にそって切り離し，パンチでとじ穴をあけて，カードにしよう。リングに通しておくと便利です。

★ 理解したら，□にチェックしよう。

❷ 凸レンズの光の進み方

凸レンズを通った光が屈折して凸レンズの軸に平行に進むのは，どこを通った光ですか。

□ **実　像**

注意　凸レンズの中心を通る光は屈折せず，直進する。

❹ オシロスコープによる波形

音をオシロスコープの画面に表すと，1 秒間の振動数(単位 Hz)が多いほど音はどうなりますか。

□ **高**

参考　音の高低は振動数に，音の大小は振幅の大きさに関係する。表のア，イは振幅が等しいので，同じ大きさの音である。

❻ 2力のつりあい

2 力がつりあっているとき，力の向きはどんな向きになっていますか。

□ **等しい**

ヒント　2 力が一直線上にあり，大きさが等しく，向きが反対になっているとき，2 力はつりあっている。

❽ ばねの伸びと力

「ばねの伸びは，加えた力の大きさに比例する」という関係を何の法則といいますか。

□ **比　例**

参考　ばねの伸びと力の大きさの関係をグラフにすると，原点を通る直線で表される。

❿ ガスバーナーの使い方

ガスバーナーに点火したあと，炎の色が何色になるように空気調節ねじで調節しますか。

□ **ガ　ス**

注意　空気調節ねじを回すときは，ガス調節ねじをもう一方の手でおさえて，空気調節ねじだけを開きながら調節する。

(切り取り線)

⑬ 気体の集め方

アンモニアのように，水に溶けやすく，空気より軽い気体を捕集するには，どの方法が適していますか。

□ **水上置換**

参考　水素や酸素は水上置換法，二酸化炭素は下方置換法または水上置換法で捕集する。

⑫ 体積あたりの質量

ある金属 25 cm³ の質量を測定すると 67.5 g であった。この金属の密度は何 g/cm³ ですか。

□ **密　度**

参考　密度は物質によって決まった値を示す。したがって，物質を見分ける手がかりになる。

⑮ 水に溶ける物質の質量

ミョウバンの溶解度は，60 ℃と 40 ℃ではどちらの温度のほうが大きいですか。

□ **溶解度**

ヒント　一般に，固体では温度が高くなるほど溶解度は大きくなり，温度が一定のときは水の量に比例する。

⑭ 水溶液

溶液の中に溶けている物質を溶質というが，物質を溶かしている液体を何といいますか。

□ **溶　質**

参考　(水)溶液は，長時間放置しておいても，溶質が浮いてきたり，沈んできたりすることはない。

⑰ 物質の状態

一般に，液体から固体に変化すると，体積は小さくなる。このとき密度はどのように変化しますか。

□ **状態変化**

注意　水は例外で，固体のほうが体積が大きい。したがって，氷の密度は水の密度より小さい。

⑯ 物質のとり出し方

固体の物質をいったん水などに溶かしてから，再び結晶としてとり出す方法を何といいますか。

□ **結　晶**

参考　食塩の溶解度は温度が変化してもあまり変化しないので，食塩の結晶をとり出すには，水溶液の温度を下げるよりも，水を蒸発させてとり出すほうがよい。

（切り取り線）

⑲ 摩擦によって生じる電気

同じ種類の電気を帯びたものどうしを近づけると，どうなりますか。

□ **静電気**

ヒント　静電気には＋と－の 2 種類があり，同じ種類の電気どうしは反発し，異なる種類の電気どうしは引き合う。

⑱ 状態が変化するときの温度

純粋な物質では，固体が液体になるときの温度は決まっている。その温度のことを何といいますか。

□ **沸　点**

参考　沸点や融点は，物質の量には関係なく，物質の種類によって決まっている。混合物は決まった沸点や融点を示さない。

㉑ 電流と電圧の関係

15 Ω の抵抗 1 個を使って回路をつくった。電源の電圧を 3 V にすると，回路には何 A の電流が流れますか。

□ **オーム**

参考　電熱線に加えた電圧の大きさとそのとき流れる電流の大きさの関係をグラフにすると，原点を通る直線になる。

⑳ 回路と電流・電圧

2 つの抵抗を，直列に接続した回路に電流を流したとき，それぞれの抵抗に流れる電流の大きさはどうですか。

□ I_2

ヒント　直列回路では，電流の大きさはどこも同じで，電源の電圧は各抵抗にかかる電圧の和になる。

㉓ 電　力

電熱線に 20 V の電圧を加えると，1.5 A の電流が流れた。この電熱線が消費した電力は何 W ですか。

□ **0.4**

ヒント　電力を求める公式 P〔W〕= V〔V〕× I〔A〕を使って電力を求める。

㉒ 回路と抵抗

2 つの抵抗を回路に並列に接続すると，全体の抵抗の大きさは，それぞれの抵抗の大きさに比べると，どうなりますか。

□ **15**

ヒント　計算では回路全体の抵抗は，オームの法則を使い，全体の電圧を全体の電流でわって求める。

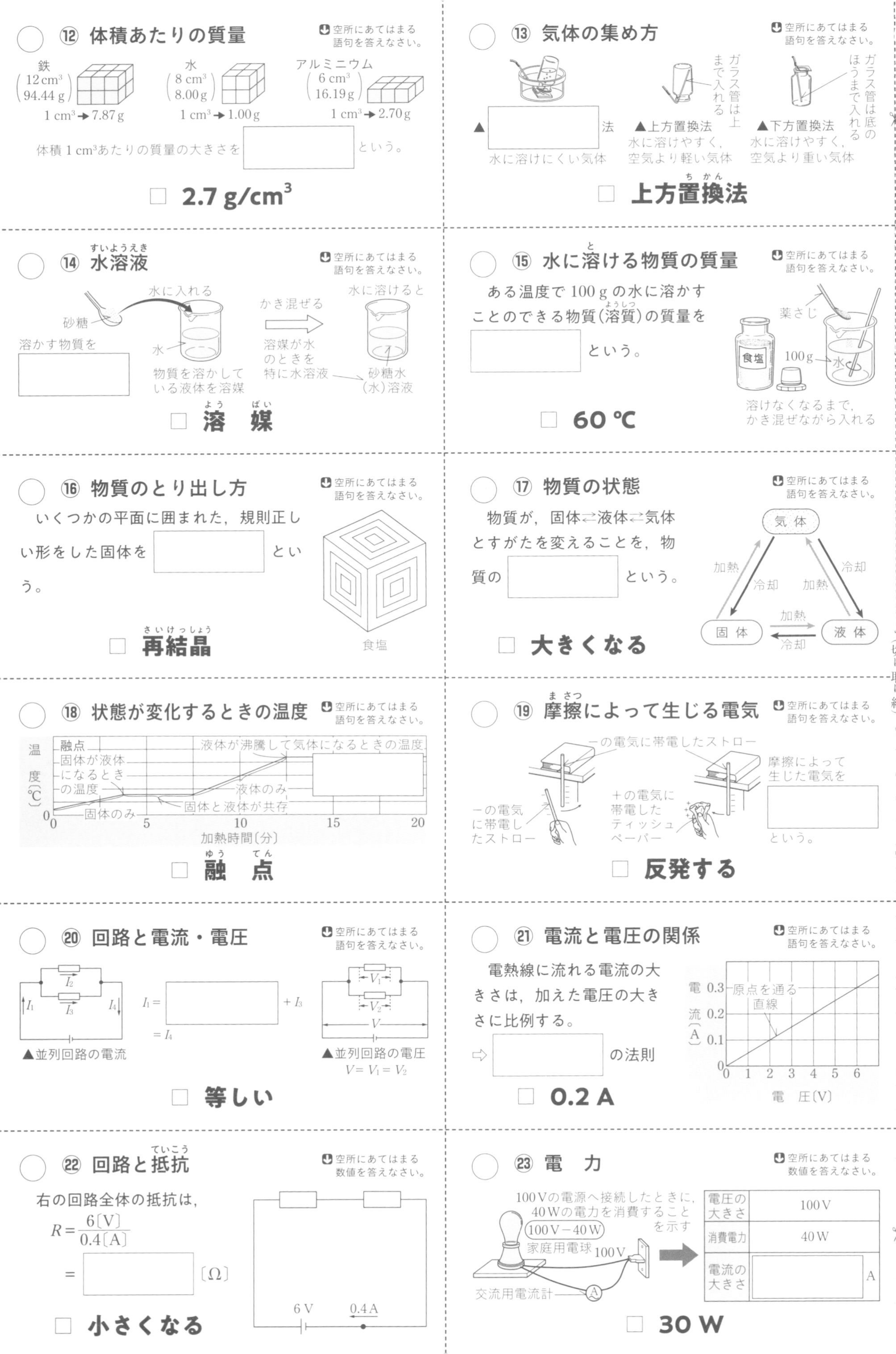

⑫ 体積あたりの質量

空所にあてはまる語句を答えなさい。

鉄（$12\,cm^3$ 94.44 g） $1\,cm^3$ → 7.87 g

水（$8\,cm^3$ 8.00 g） $1\,cm^3$ → 1.00 g

アルミニウム（$6\,cm^3$ 16.19 g） $1\,cm^3$ → 2.70 g

体積 $1\,cm^3$あたりの質量の大きさを［　　　］という。

□ **$2.7\,g/cm^3$**

⑬ 気体の集め方

空所にあてはまる語句を答えなさい。

▲［　　　］法　水に溶けにくい気体

▲上方置換法　水に溶けやすく，空気より軽い気体　ガラス管は上まで入れる

▲下方置換法　水に溶けやすく，空気より重い気体　ガラス管は底のほうまで入れる

□ **上方置換法**（ちかん）

⑭ 水溶液（すいようえき）

空所にあてはまる語句を答えなさい。

溶かす物質を［　　　］

□ **溶　媒**（よう　ばい）

⑮ 水に溶（と）ける物質の質量

空所にあてはまる語句を答えなさい。

ある温度で 100 g の水に溶かすことのできる物質（溶質（ようしつ））の質量を［　　　］という。

□ **60 ℃**

⑯ 物質のとり出し方

空所にあてはまる語句を答えなさい。

いくつかの平面に囲まれた，規則正しい形をした固体を［　　　］という。

□ **再結晶**（さいけっしょう）

⑰ 物質の状態

空所にあてはまる語句を答えなさい。

物質が，固体⇄液体⇄気体とすがたを変えることを，物質の［　　　］という。

□ **大きくなる**

⑱ 状態が変化するときの温度

空所にあてはまる語句を答えなさい。

□ **融　点**（ゆう　てん）

⑲ 摩擦（まさつ）によって生じる電気

空所にあてはまる語句を答えなさい。

摩擦によって生じた電気を［　　　］という。

□ **反発する**

⑳ 回路と電流・電圧

空所にあてはまる語句を答えなさい。

I_1 ＝［　　　］＋ I_3 ＝ I_4

▲並列回路の電流

▲並列回路の電圧 $V = V_1 = V_2$

□ **等しい**

㉑ 電流と電圧の関係

空所にあてはまる語句を答えなさい。

電熱線に流れる電流の大きさは，加えた電圧の大きさに比例する。

⇨［　　　］の法則

□ **0.2 A**

㉒ 回路と抵抗（ていこう）

空所にあてはまる数値を答えなさい。

右の回路全体の抵抗は，

$R = \frac{6〔V〕}{0.4〔A〕}$

＝［　　　］〔Ω〕

□ **小さくなる**

㉓ 電　力

空所にあてはまる数値を答えなさい。

100 Vの電源へ接続したときに，40 Wの電力を消費することを示す

電圧の大きさ	100 V
消費電力	40 W
電流の大きさ	［　　　］A

□ **30 W**

（切り取り線）

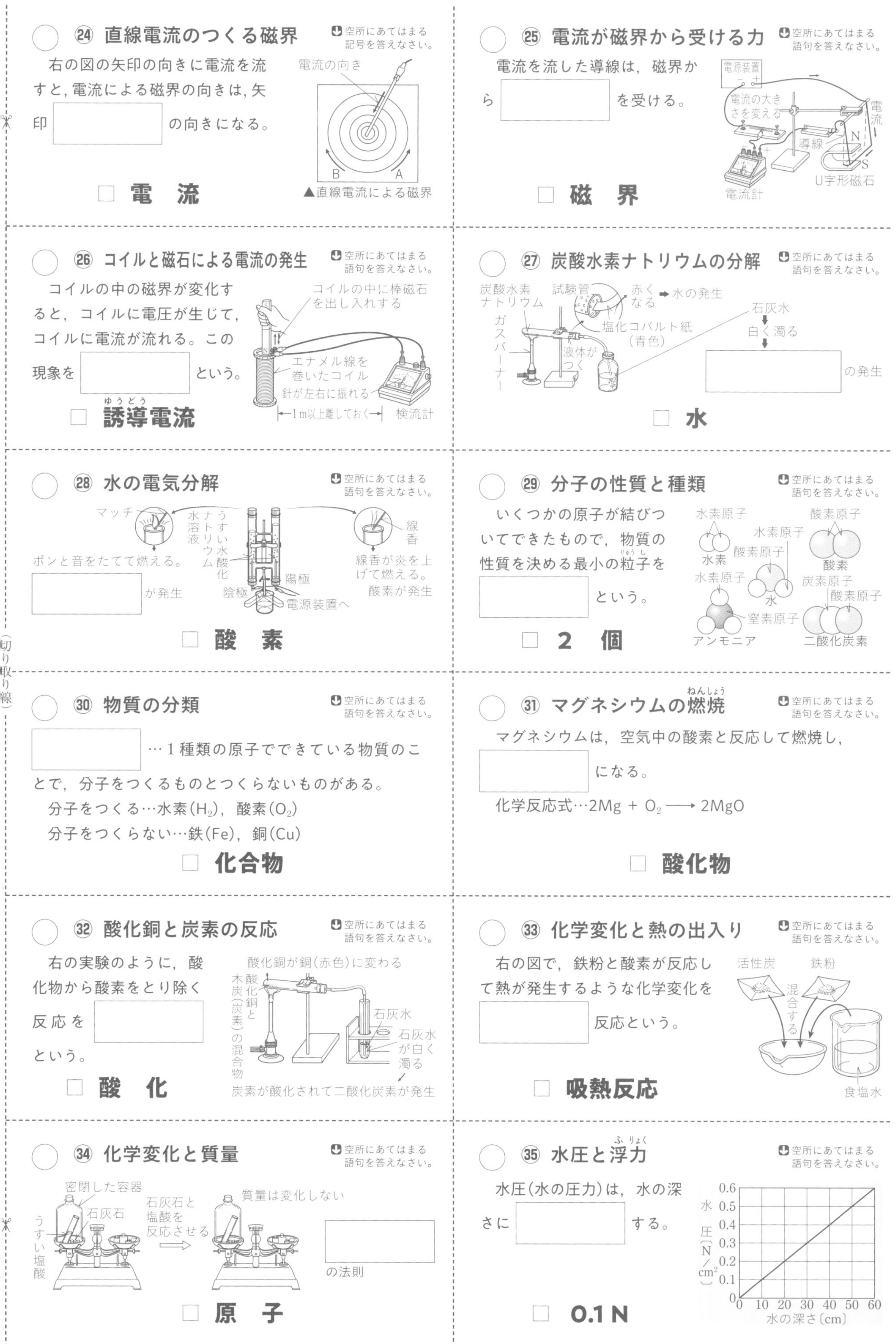

㉔ 直線電流のつくる磁界
空所にあてはまる記号を答えなさい。

右の図の矢印の向きに電流を流すと，電流による磁界の向きは，矢印 ＿＿ の向きになる。

▲直線電流による磁界

□ 電　流

㉕ 電流が磁界から受ける力
空所にあてはまる語句を答えなさい。

電流を流した導線は，磁界から ＿＿ を受ける。

□ 磁　界

㉖ コイルと磁石による電流の発生
空所にあてはまる語句を答えなさい。

コイルの中の磁界が変化すると，コイルに電圧が生じて，コイルに電流が流れる。この現象を ＿＿ という。

□ 誘導電流

㉗ 炭酸水素ナトリウムの分解
空所にあてはまる語句を答えなさい。

＿＿ の発生

□ 水

㉘ 水の電気分解
空所にあてはまる語句を答えなさい。

＿＿ が発生

□ 酸　素

㉙ 分子の性質と種類
空所にあてはまる語句を答えなさい。

いくつかの原子が結びついてできたもので，物質の性質を決める最小の粒子を ＿＿ という。

□ 2　個

㉚ 物質の分類
空所にあてはまる語句を答えなさい。

＿＿ …1種類の原子でできている物質のことで，分子をつくるものとつくらないものがある。

分子をつくる…水素(H_2)，酸素(O_2)

分子をつくらない…鉄(Fe)，銅(Cu)

□ 化合物

㉛ マグネシウムの燃焼
空所にあてはまる語句を答えなさい。

マグネシウムは，空気中の酸素と反応して燃焼し，＿＿ になる。

化学反応式…$2Mg + O_2 \longrightarrow 2MgO$

□ 酸化物

㉜ 酸化銅と炭素の反応
空所にあてはまる語句を答えなさい。

右の実験のように，酸化物から酸素をとり除く反応を ＿＿ という。

□ 酸　化

㉝ 化学変化と熱の出入り
空所にあてはまる語句を答えなさい。

右の図で，鉄粉と酸素が反応して熱が発生するような化学変化を ＿＿ 反応という。

□ 吸熱反応

㉞ 化学変化と質量
空所にあてはまる語句を答えなさい。

＿＿ の法則

□ 原　子

㉟ 水圧と浮力
空所にあてはまる語句を答えなさい。

水圧（水の圧力）は，水の深さに ＿＿ する。

□ 0.1 N

㉔ 直線電流のつくる磁界

導線に電流を流すとまわりに磁界ができる。磁界の向きを逆にするには，何の向きを逆にすればよいですか。

□ **B**

ヒント　1本の導線に，右ねじの進む向きに電流を流すと，右ねじを回す向きに磁界ができる。⇨右ねじの法則

㉕ 電流が磁界から受ける力

導線の動く向きを逆にするには，「電流の向きを変える」のほかに何の向きを変えればよいですか。

□ **力**

参考　導線が受ける力の大きさは，導線を流れる電流が大きいほど大きくなる。

㉖ コイルと磁石による電流の発生

コイルの中の磁界が変化すると，コイルに電圧が生じて，コイルに電流が流れる。この電流を何といいますか。

□ **電磁誘導**（でんじゆうどう）

参考　誘導電流の向きは，磁極の向きにより，磁石を入れるときと出すときによって変わる。

㉗ 炭酸水素ナトリウムの分解

炭酸水素ナトリウムを加熱したとき，試験管の口もとについた，塩化コバルト紙を赤色に変色させる液体は何ですか。

□ **二酸化炭素**

ヒント　炭酸水素ナトリウムを加熱すると，炭酸ナトリウム，二酸化炭素，水に分解される。

㉘ 水の電気分解

水を電気分解したとき，陽極から発生した気体中では火のついた線香（せんこう）が，炎（ほのお）を上げて燃えた。この気体は何ですか。

□ **水　素**

ヒント　水を電気分解すると，陽極からは酸素が，陰（いん）極からは水素が，体積比1：2の割合で発生する。

㉙ 分子の性質と種類

水1分子は，酸素原子が1個と水素原子が何個結びついてできたものですか。

□ **分　子**

参考　物質を化学式で表すと，そのなりたちがわかる。水(H_2O)は，水素原子2個と酸素原子1個からできている。

㉚ 物質の分類

二酸化炭素(CO_2)，酸化銅(CuO)のように，2種類以上の原子からできている物質を何といいますか。

□ **単　体**

ヒント　化学式で表すと，単体と化合物の区別がしやすい。Ag，Cu，H_2，O_2は単体，H_2O，CO_2，NaClは化合物。

㉛ マグネシウムの燃焼（ねんしょう）

マグネシウムや鉄が，酸素と反応してできた酸化マグネシウムや酸化鉄のことを何といいますか。

□ **酸化マグネシウム**

参考　物質が光や熱を出しながら，酸素と激しく反応することを，特に燃焼という。

㉜ 酸化銅と炭素の反応

酸化銅を炭素を使って還元（かんげん）するとき，炭素が受ける化学変化を何といいますか。

□ **還　元**

参考　酸化銅が還元されたとき，炭素は酸化される。このように，酸化と還元は同時に起こる。

㉝ 化学変化と熱の出入り

水酸化バリウムと塩化アンモニウムをかき混ぜたときのように，温度が下がるような反応を何といいますか。

□ **発　熱**

ヒント　化学変化が起こるとき，温度が上がる反応を発熱反応，温度が下がる反応を吸熱反応という。

㉞ 化学変化と質量

質量保存の法則がなりたつのは，化学変化の前後において何の種類と数が変化しないからですか。

□ **質量保存**

ヒント　化学変化の前後において，原子の種類と数は変化せず，結びつきが変わる。

㉟ 水圧と浮力（ふりょく）

体積10 cm^3の物体を水中に完全に沈（しず）めたときに受ける浮力の大きさは何Nですか。

□ **比　例**

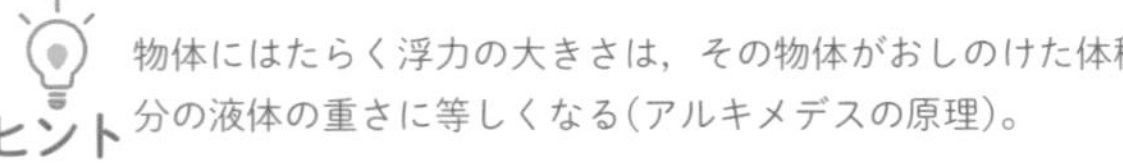
ヒント　物体にはたらく浮力の大きさは，その物体がおしのけた体積分の液体の重さに等しくなる(アルキメデスの原理)。

（切り取り線）

㊲ 速　さ

速さが一定でない運動で，ある地点のごく短い時間における速さを何といいますか。

□ **15**

参考　速さには，平均の速さと，スピードメーターなどで表される瞬間の速さがある。

㊴ 斜面をくだる運動

斜面の傾斜が大きくなると，斜面に平行な下向きの力の大きさはどうなりますか。

□ **重　力**

参考　斜面に平行な下向きの力は，台車にはたらく重力の分力で，斜面の傾斜が 90° になると重力と一致する。

㊶ 仕　事

物体を床の上で動かすとき，どのような力と同じ大きさの力を加えなければなりませんか。

□ **1.5**

ヒント　物体を水平面上で動かすときの仕事の大きさ〔J〕は，摩擦力〔N〕×移動した距離〔m〕で表される。

㊸ 物体のもつエネルギー

振り子の運動では，運動エネルギーが最大になるとき，位置エネルギーの値はいくらになりますか。

□ **力学的エネルギー**

参考　摩擦や空気の抵抗がないとすると，力学的エネルギーはつねに一定である。これを力学的エネルギーの保存という。

㊺ 電　池

銅板と亜鉛板を電極として電池をつくったとき，亜鉛板から銅板に向かって移動するものは何ですか。

□ **銅　板**

ヒント　亜鉛がイオンとなって塩酸中に溶け出し，電極中の電子が導線を通って銅板のほうへ移動する。

㊼ 酸とアルカリの反応

酸の陰イオンとアルカリの陽イオンが結びついてできた物質は何ですか。

□ **中　和**

参考　酸の H^+ とアルカリの OH^- が互いの性質を打ち消し合って，水ができる反応を中和という。

㊱ 力の合成・分解

1つの力を，同じはたらきをする2つの力に分けたとき，それら2つの力をもとの力の何といいますか。

□ **合　力**

参考　同一直線上にない2力を合成するときは，2力がとなり合う2辺となるような平行四辺形を描く。1つの力を分解するときは，もとの力を対角線とする平行四辺形を描く。

㊳ 物体の運動

台車が等速直線運動をしているとき，台車には運動方向への力がはたらいていますか。

□ **等速直線**

注意　等速直線運動をしている物体には，運動方向と垂直な方向に重力と垂直抗力がはたらいているが，つりあっているので力は0とみなせる。

㊵ 運動を続ける物体

物体に力がはたらいていないとき，運動をしている物体はそのままどのような運動を続けますか。

□ **慣　性**

参考　物体に力がはたらいていても合力が0Nであれば，運動をしている物体は運動を続け，静止している物体は静止を続けるという慣性の法則がなりたつ。

㊷ 仕事の原理

動滑車を1つ使うと，力の大きさは $\frac{1}{2}$ ですむが，引く距離は，直接手で引く距離の何倍になりますか。

□ **4**

参考　動滑車や斜面などの道具を使っても，使わなくても仕事の大きさは変わらないことを，仕事の原理という。

㊹ 電気分解

塩化銅水溶液を電気分解したとき，陰極に付着する物質は何ですか。

□ **塩　素**

ヒント　陽イオンは陰極で電子を受けとり，陰イオンは陽極に電子を与えて，それぞれ原子となる。

㊻ 酸性とアルカリ性

水に溶けると電離して，水酸化物イオン OH^- を生じる物質を何といいますか。

□ **黄**

ヒント　酸の水溶液は電離して H^+ を，アルカリの水溶液は電離して OH^- を生じる。

（切り取り線）

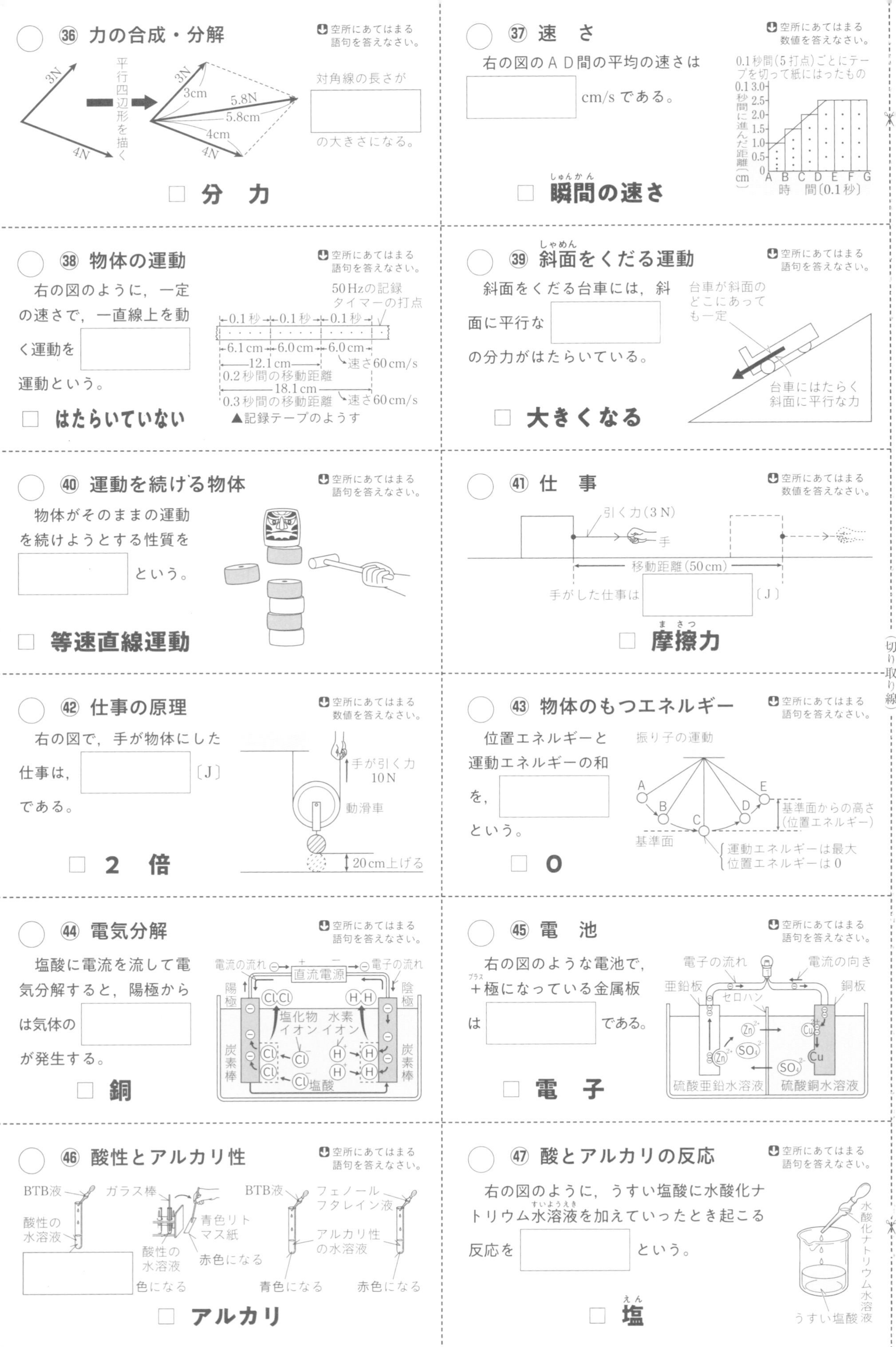

36 力の合成・分解
空所にあてはまる語句を答えなさい。
3N
4N
平行四辺形を描く
3cm
5.8N
5.8cm
4cm
対角線の長さが
の大きさになる。
分　力
37 速　さ
空所にあてはまる数値を答えなさい。
右の図のＡＤ間の平均の速さは
cm/s である。
0.1秒間(5打点)ごとにテープを切って紙にはったもの
0.1秒間に進んだ距離〔cm〕
3.0
2.5
2.0
1.5
1.0
0.5
0
A B C D E F G
時　間〔0.1秒〕
瞬間の速さ
38 物体の運動
空所にあてはまる語句を答えなさい。
右の図のように，一定の速さで，一直線上を動く運動を
運動という。
50Hzの記録タイマーの打点
0.1秒
6.1cm
6.0cm
12.1cm
0.2秒間の移動距離
18.1cm
0.3秒間の移動距離
速さ60cm/s
▲記録テープのようす
はたらいていない
39 斜面をくだる運動
空所にあてはまる語句を答えなさい。
斜面をくだる台車には，斜面に平行な
の分力がはたらいている。
台車が斜面のどこにあっても一定
台車にはたらく斜面に平行な力
大きくなる
40 運動を続ける物体
空所にあてはまる語句を答えなさい。
物体がそのままの運動を続けようとする性質を
という。
等速直線運動
41 仕　事
空所にあてはまる数値を答えなさい。
引く力(3N)
手
移動距離(50cm)
手がした仕事は
〔J〕
摩擦力
42 仕事の原理
空所にあてはまる数値を答えなさい。
右の図で，手が物体にした仕事は，
〔J〕
である。
手が引く力 10N
動滑車
20cm上げる
2　倍
43 物体のもつエネルギー
空所にあてはまる語句を答えなさい。
位置エネルギーと運動エネルギーの和を，
という。
振り子の運動
A B C D E
基準面からの高さ(位置エネルギー)
基準面
運動エネルギーは最大
位置エネルギーは0
0
44 電気分解
空所にあてはまる語句を答えなさい。
塩酸に電流を流して電気分解すると，陽極からは気体の
が発生する。
電流の流れ
電子の流れ
直流電源
陽極
陰極
塩化物イオン
水素イオン
炭素棒
塩酸
銅
45 電　池
空所にあてはまる語句を答えなさい。
右の図のような電池で，＋極になっている金属板は
である。
電子の流れ
電流の向き
亜鉛板
セロハン
銅板
硫酸亜鉛水溶液
硫酸銅水溶液
電　子
46 酸性とアルカリ性
空所にあてはまる語句を答えなさい。
BTB液
ガラス棒
酸性の水溶液
色になる
青色リトマス紙
酸性の水溶液
赤色になる
BTB液
フェノールフタレイン液
アルカリ性の水溶液
青色になる
赤色になる
アルカリ
47 酸とアルカリの反応
空所にあてはまる語句を答えなさい。
右の図のように，うすい塩酸に水酸化ナトリウム水溶液を加えていったとき起こる反応を
という。
水酸化ナトリウム水溶液
うすい塩酸
塩
切り取り線

解答・解説

物質とエネルギー

1時間目 光・音

解答（pp.4〜5）

1 (1)**鏡の上下の長さ…101 cm**
鏡の下端の床からの高さ…57 cm
(2)**右図**

2 (1)**エ** (2) **24 cm**
(3)①**イ** ②**イ**

3 **13 m**

4 (1) **1：2**
(2) **X…図 4**
Y…例 **振動数が多い**

液面　A　C　容器　硬貨 B

作図問題にチャレンジ

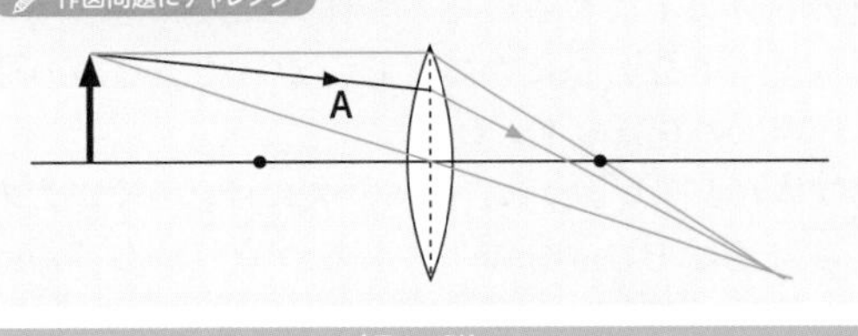

解説

1 (1)まさとさんの弟が自分のつま先を見ることができるとき，鏡の下端の床からの高さは，

$114 \div 2 = 57$〔cm〕

まさとさんが自分の頭の先を見ることができるとき，鏡の上端の床からの高さは，

$152 + (164 - 152) \div 2 = 152 + 6 = 158$〔cm〕

したがって，鏡の上下の長さは，

$158 - 57 = 101$〔cm〕

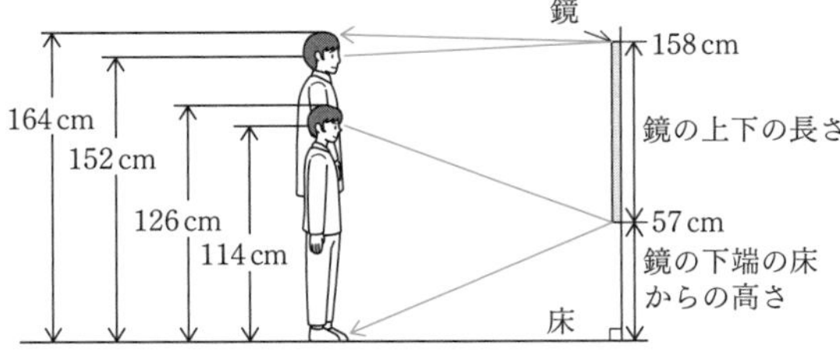

(2)作図の順序：①点**A**，**C**を通る直線と液面の交点を**D**とする。
②点**A**と点**D**を直線で結ぶ。
③点**B**と点**D**を直線で結ぶ。

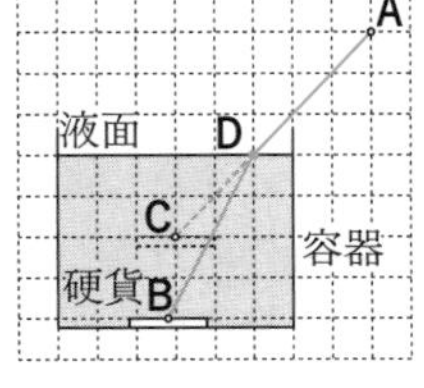

点**B**から出た光が液面の点**D**で屈折して点**A**に届き，見えるようになる。ただし，点**A**に届く光は点**C**から出ているように見える。

2 (1)実際にスクリーンにうつる物体の像を**実像**という。実像は，上下左右が逆になってスクリーンにうつる。
(2)実像は，物体が凸レンズの焦点より外側にあるときにできる。物体が，凸レンズの焦点距離の 2 倍の長さの位置にあるとき，スクリーン上にうつる実像の大きさは，物体と同じ大きさになる。このとき，凸レンズからスクリーンまでの距離も，凸レンズの焦点距離の 2 倍の長さになる。
(3)物体を凸レンズから遠ざけたとき，できる実像の位置は凸レンズに近くなるため，スクリーンを凸レンズに近づけなければならない。また，できる実像の大きさは，物体を凸レンズから遠ざけるほど小さくなる。

焦点距離の 2 倍の位置に物体を置くと，もう一方の焦点距離の 2 倍の位置に物体と同じ大きさの実像ができる。

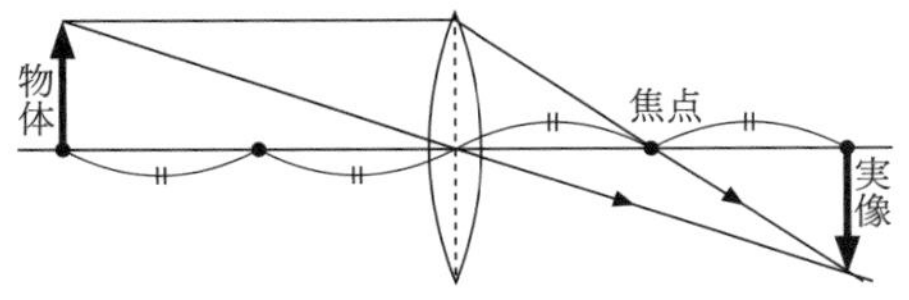

焦点の上に物体を置くと像はできない。

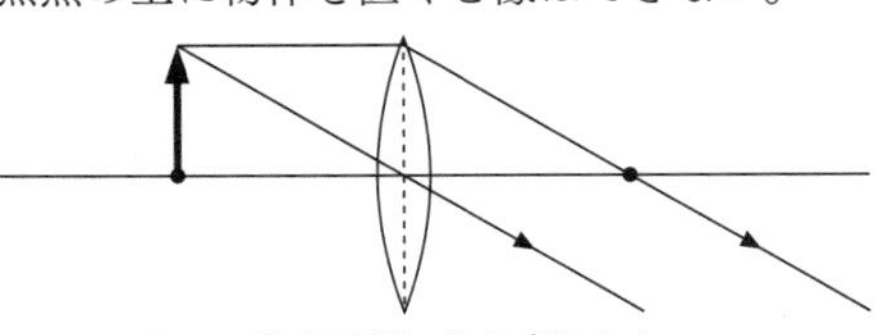

2 つの光が平行になり交わらない。

ここに注意 凸レンズによる物体の像の種類(実像，虚像)や大きさ，像のできる位置についてつねに作図して考えるようにしよう。

3 右の図で，**B**さんと校舎の間の距離は，

340〔m/s〕$\times 1.1$〔s〕$\div 2 = 187$〔m〕であることがわかる。よって，**A**さんと**B**さんは，$200 - 187 = 13$〔m〕離れている。

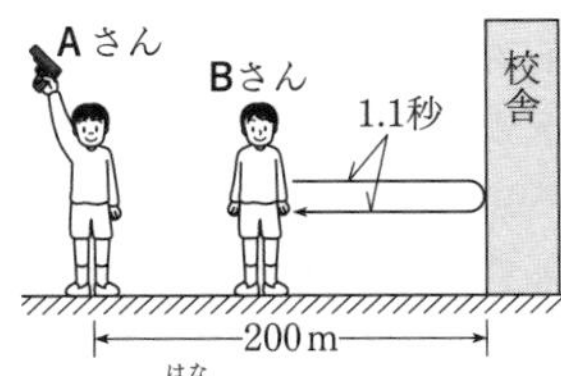

4 (1)振幅とは振動の振れ幅のことなので，図の軸から波の山までの高さを比べればよい。**図 2** は高さが 1，**図 3** は高さが 2 なので，振幅の比は 1：2 である。
(2)振幅の大きさは音の大小に関係し，振動数は音の高低に関係する。**図 3** と**図 4** では，**図 4** のほうが単位時間に振動する回数が多いので，高い音が出ている。

ひっぱると，はずして使えます。

作図問題にチャレンジ 作図の手順：①物体を表す矢印の先端からレンズの中心を通る直線を引く。
②矢印の先端から凸レンズの軸に平行な直線を引き，レンズで屈折させ，レンズの右側の焦点を通る直線を引く。
③ ①と②で引いた直線の交点を通るように光線Aをレンズで屈折させる。

入試攻略 Points

対策 ❶光の反射光や屈折光の作図は，方眼紙を使ってきちんと作図できるようにしっかりと練習しておく必要がある。入射角と反射角は等しく，入射角と屈折角は通る物体によって大きさが変わる。
❷ ❶と同様に，物体の位置を変え，像を作図する練習をしておこう。実像は焦点より外側に物体があり，虚像はレンズと焦点の間に物体がある。
❸コンピュータに表された音の波形(**振幅…音の大小，振動数…音の高低**)からどのような音かを判断できるようにしておこう。また，音の伝わる速さ(約 340 m/s)を求める計算にも慣れておこう。

2時間目 力の表し方とつりあい

解答 (pp.6〜7)

1 (1)**重力** (2)**右図** (3)**ウ**
2 (1)A・B (2)**450 g**
3 (1)**フックの法則**
(2)x…2 y…2
4 (1)**5.4 cm**
(2)①**ウ** ②**ウ**

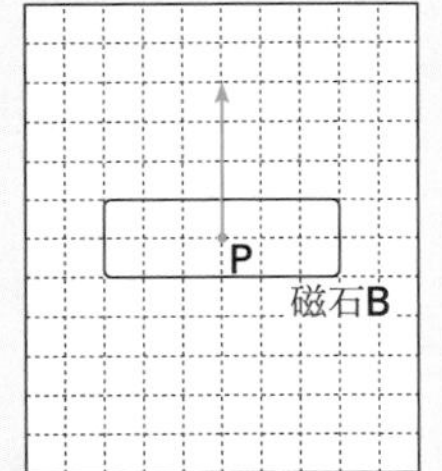

記述問題にチャレンジ 例 **2力の大きさが等しく，向きが反対で，同一直線上にある。**

解説

1 (2)質量 40 g の磁石Bが下に落ちないように，磁石Aが上向きの力で支えている。よって，磁石Bの点Pから上向きの 0.4 N の力を矢印で示す。
(3)磁石Aの上面をかりにS極とすると，同じ極どうしは反発し合うので，磁石B，Cの極の向きは右の図のようになる。

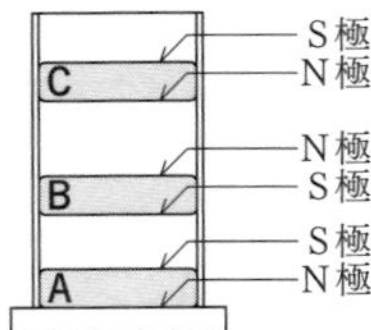

2 (1)Aは物体aにはたらく重力，Bは床が物体aをおす力，Cは物体aが床をおす力である。物体aにはたらく力であるAとBが力のつりあいの関係である。
(2)物体bの質量は 50 g なので，重さは 0.5 N である。また，床が物体aを 5 N の力でおしているので，物体aと物体bの重さはあわせて 5 N である。したがって，物体aの重さは，$5 - 0.5 = 4.5$〔N〕なので，質量は 450 g である。

ここに注意 力のつりあいとは1つの物体に対してはたらく力の関係である。(1)の問題のBとCは，Bが物体a，Cが床にはたらく力なので，つりあいの関係ではない。

3 (2)グラフより，ばねの伸びが 5 cm になるのは，おもりAを2個，おもりBを2個つるしたときである。
4 (1)てんびんが水平につりあったことから，物体Aの質量はおもりXの質量と等しく，270 g である。物体Aがばねを引く力の大きさは，物体Aにはたらく重力の大きさに等しいので，$270 \div 100 = 2.7$〔N〕である。2.7 N の力でばねを引くときのばねの伸びをx〔cm〕とすると，グラフより，
$3:6 = 2.7:x$, $x = 5.4$〔cm〕
(2)①月面上では，物体にはたらく重力の大きさは地球上の6分の1になるので，物体Aがばねを引く力の大きさも6分の1になる。したがって，ばねの伸びも地球上の6分の1になる。
②物体Aと同じように，おもりXにはたらく重力の大きさも地球上の6分の1になるので，てんびんはつりあっている。

ここに注意 月面上ではかると，質量は変わらないが，重さは地球ではかった値のおよそ6分の1になる。例えば，月面上ではかると，(2)の問題の物体Aの質量は地球上と同じ 270 g であるが，重さは，$2.7 \div 6 = 0.45$〔N〕である。

入試攻略 Points

対策 ❶力の種類としては，重力，摩擦力，弾性力，磁力，静電気の力などがある。力の大きさは矢印を使って表す。とくに注意することは作用点の位置である。右の図は，物体にはたらく**重力**と，その**垂直抗力**(床が物体をおし返す力)を表したものである。

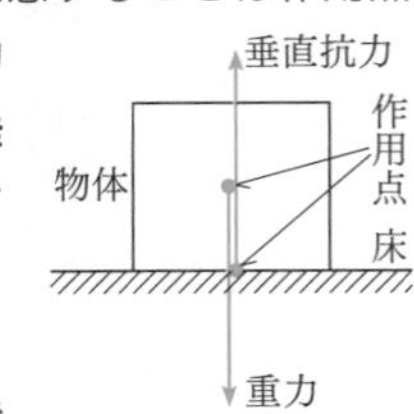

❷ばねの伸びとばねにはたらく力の大きさは比例の関係であり，これを**フックの法則**という。比例するのはばねそのものの長さではなく，ばねの伸びであることに注意しよう。
❸物体の質量とは物体そのものの量であり，重さとは物体にはたらく重力の大きさのことである。物体の質量はどこではかっても同じだが，重さははかる場所によって異なる。

3時間目　物質とその性質

解答（pp.8〜9）

1 (1)イ　(2)イ

2 (1)エ　(2)質量…変わらなかった
密度…大きくなった

3 (1)ア，イ，ウ　(2)イ　(3)D

4 (1)イ　(2)有機物
(3)粉末X…砂糖　粉末Z…食塩

記述問題にチャレンジ　例 液体が急に沸騰するのを防ぐため。

解　説

1 図のaのねじが空気調節ねじで，bのねじがガス調節ねじである。

(1)ガスバーナーに火をつけるときは，まず，上下2つのねじが閉まっていることを確認し，次に，ガスの元栓を開く。その後，マッチに火をつけて，ガス調節ねじを少しずつ開いて点火する。

(2)炎の色がオレンジ色のときは，空気の量が不足しているので，ガス調節ねじをおさえ，空気調節ねじだけを少しずつ開き，青色の安定した炎になるようにする。

2 (1)物質は状態変化をするとき，質量は変化しないが体積は変化する。液体のロウは固体になると体積が小さくなり，**図2**の**エ**のように中央の部分がくぼんだようになる。水は例外で，液体の水が固体の氷になると1割ほど体積がふえる。

(2) (1)でも書いたように，物質は状態変化をしても質量は一定である。

$$密度〔g/cm^3〕= \frac{質量〔g〕}{体積〔cm^3〕}$$ の式で表される。この式で，分子の質量が一定で分母の体積が小さくなれば密度は大きくなる。

3 (1)使い終わったら，上皿てんびんのうでが動かないように，一方の皿をもう一方の皿に重ねておく。

(2)液面の平らなところを1目盛りの $\frac{1}{10}$ まで目分量で読みとる。

(3)物質によって密度は決まっているので，原点と点A，点B，点C，点D，点Eをそれぞれ結んだとき，一直線上に並ぶ2点が，密度が等しい液体である。

> **ここに注意**　(3)の問題では，A〜Eの1つ1つの物質の密度を計算する必要はない。同一直線上にある物質は，$\frac{質量}{体積}$ の値，つまり密度が同じである。

4 (1)試験管の口のあたりを，親指と人さし指・中指で，はさむようにして持つ。

(2)こげるということは，炭(炭素)ができるということで，一般に，炭素を含む物質を**有機物**という。

(3)水に溶けなかったことから，粉末Yはデンプンとわかる。粉末Xは，加熱するとこげたということから，砂糖とわかる。

入試攻略Points

対策　❶よく使う実験器具の名称を覚え，操作のしかたは，ふだんの学習(実験)の中で身につけておこう。ガスバーナーの点火，消火の順序，上皿てんびんの操作のしかた，メスシリンダーの目盛りの読みとり方などはよく出題される。

❷

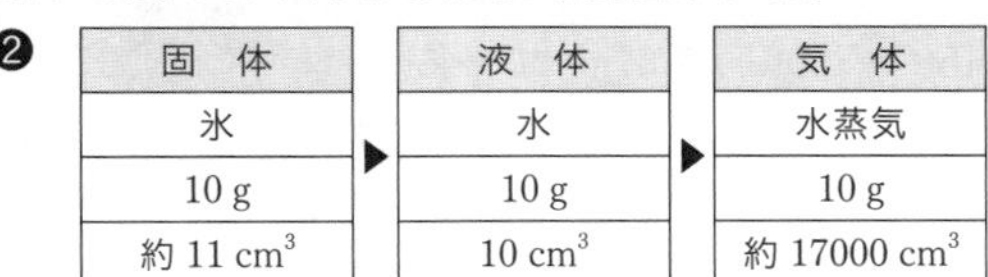

固　体	▶	液　体	▶	気　体
氷		水		水蒸気
10 g		10 g		10 g
約 11 cm^3		10 cm^3		約 17000 cm^3

水は，同じ質量では固体のほうが液体より体積が大きいため，密度は小さくなることに注意しよう。

❸密度を求める式を使って，質量や体積も計算できるようにしておこう。

例：鉄の密度を 7.9 g/cm^3 として，鉄 100 g の体積はおよそ何 cm^3 か。

$100 \div 7.9 = 12.65\cdots \rightarrow 12.7〔cm^3〕$

密度は物質固有の値であるから，密度が同じならば同じ物質であると考えてよい。

4時間目　気体と水溶液

解答（pp.10〜11）

1 (1)①イ　②上方置換法
③例 水に溶けやすく，空気より軽いから。
(2)ア　(3)①酸素　②ア，オ

2 9％

3 (1)エ　(2)ろ過
(3)ビーカー…C
理由…例 Cのほうが溶質の量が多いので，より高い温度で結晶が出始めるから。

4 B…食塩(塩化ナトリウム)
D…塩化水素

記述問題にチャレンジ　例 食塩の溶解度は，水の温度による変化が小さいから。

解　説

1 (1)気体Aだけに刺激臭があったことからアンモニアであることがわかる。

①・②アンモニアは，水にきわめてよく溶けるので，水上置換法(図の**ア**)では集められない。また，空気より密度が小さいので，上方置換法(図の**イ**)を用いて捕集する。
(2)気体**A**(アンモニア)を除くと，その中でBTB液の色を変えるのは二酸化炭素である。よって，気体**B**は二酸化炭素であり，この水溶液は炭酸水とよばれ，酸性を示す。
(3)気体**D**は，火のついた線香が炎をあげて燃えたことから酸素であるとわかる。

2 食塩水**B** 150 gの中に含まれている食塩の量は，
150 × 0.05 = 7.5〔g〕である。
食塩水**A**と**B**を混ぜると，溶質の質量(食塩の量)は，
15 + 7.5 = 22.5〔g〕，水溶液の質量は，
(85 + 15) + 150 = 250〔g〕である。
よって，**質量パーセント濃度**〔%〕

$$= \frac{\textbf{溶質の質量}〔g〕}{\textbf{水溶液の質量}〔g〕} \times 100 = \frac{22.5}{250} \times 100 = 9〔\%〕$$

ここに注意 質量パーセント濃度を計算するとき，**溶液の質量＝溶質の質量＋溶媒の質量** であることに注意しよう。この問題の場合，食塩水**A**の質量は，15 + 85 = 100〔g〕である。

3 (1)水溶液は，水の中に溶質がばらばらに散らばっている状態になっており，その濃さはどの部分でも同じである。
(2)水溶液中の固体をとり出す操作をろ過という。
(3)グラフより，硝酸カリウムが20 g溶けている**B**のビーカーは9 ℃くらいまで冷やさないと結晶が観察されないのに対し，30 g溶けている**C**のビーカーは19 ℃くらいになると結晶が観察される。

ここに注意 ろ過の操作は，次の3点に注意して正確に覚えておこう。
- ろ紙を折ってろうとの内面にあてたら，ろ紙を水でぬらし，ろうとの内面に密着させる。
- ろうとのあしのとがったほうをビーカーの壁につけるようにする。
- ろ過する液は，ガラス棒を伝わらせて入れ，ろ紙の8分目以上入れないようにする。また，ガラス棒は，ろ紙が重なっているところにあてる。

4 蒸発皿にとって加熱したとき，蒸発皿に何も残らないのは，溶質が気体の水溶液である。うすい塩酸は塩化水素という気体が，アンモニア水はアンモニアという気体が水に溶けたものである。
　フェノールフタレイン液はアルカリ性の水溶液に反応し，**赤色**を示す。

入試攻略Points

対策 ❶酸素，水素，二酸化炭素，アンモニアの発生方法と捕集方法，それぞれの気体の特有の性質を理解しておこう。さらに，窒素，塩化水素，塩素などについてもまとめておこう。
❷溶液の質量は溶媒(物質を溶かす液体)と溶質(溶けている物質)の質量の和になる。
❸溶解度を表すグラフから，物質の溶解度を読みとったり，結晶となって出てくる量を計算したりすることができるようにしておこう。

5時間目 電流とそのはたらき

解答（pp.12～13）

1 (1)**ア**　(2)①**イ**　②**イ**　(3)**ア**
2 (1)右図
(2) **200 mA**
(3) **7.5 Ω**
(4) **0.3 W** 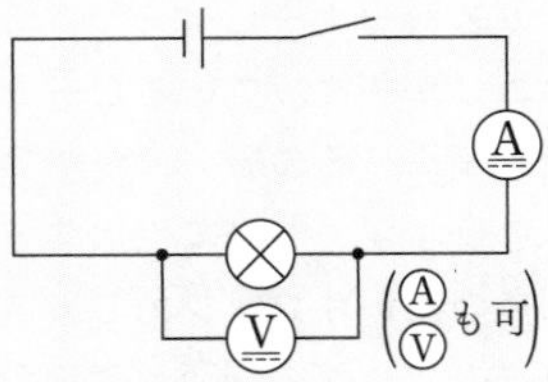
（Ⓐ Ⓥ も可）
3 (1) **40 Ω**
(2) **6 V**　(3) **0.30 A**
4 (1) **2.4 Ω**
(2)**容器A…20.8 ℃　容器B…24.0 ℃**
(3)例**容器A，Bの水の量，また，電熱線a，bに加わる電圧は同じであるが，水の上昇温度は容器Bのほうが大きいから。**
記述問題にチャレンジ　例**電熱線の消費電力は抵抗の大きさに反比例する。**

解説

1 (1)・(2) 2種類の物体がこすれ合って電気を帯びるときは，一方の物体は＋の，もう一方の物体は－の電気を帯びる。同じ種類の電気を帯びた物体どうしには，退け合う力がはたらき，異なる種類の電気を帯びた物体どうしには，引き合う力がはたらく。
　ストロー**A**とストロー**B**は同じ種類の電気を帯びており，ストロー**A**と綿布は異なる種類の電気を帯びている。
(3)**ア**は，離して置いたおんさの一方をたたくと，おんさが振動し，その振動が空気に伝わり，さらに振動は空気からもう一方のおんさに伝わって，音が鳴り出した。
2 (1)電池の電気用図記号は，長い線が＋極，短い線が－極を表す。また，導線が接続するところには • を入れる。
(2)**図2**の電流計の－端子は500 mAのものを使っているので，針が目盛りいっぱいに振れたときが500 mAである。

(3)**図 2** の電圧計の－端子は 3 V のものを使っているので，針が目盛りいっぱいに振れたときが 3 V である。よって，豆電球に加わる電圧は 1.5 V である。
豆電球の抵抗は，

$\frac{1.5〔V〕}{0.2〔A〕} = 7.5〔Ω〕$

(4)**消費電力〔W〕＝電圧〔V〕×電流〔A〕**

$= 1.5〔V〕\times 0.2〔A〕$

$= 0.3〔W〕$

3 (1)電流が 0.10 A のとき，電圧が 4 V だから，抵抗の大きさは，

$\frac{4〔V〕}{0.10〔A〕} = 40〔Ω〕$

(2)**図 3** の回路は直列回路だから，電熱線 **a** にも電熱線 **b** にも 0.10 A の電流が流れる。

図 2 のグラフより，電熱線 **a**，電熱線 **b** に 0.10 A の電流が流れるとき，それぞれの電熱線に加わる電圧は，4 V，2 V になるので，電圧計の示す値（あたい）は，

$4 + 2 = 6〔V〕$

(3)**図 4** の回路は並列回路だから，電熱線 **a** にも電熱線 **b** にも 4 V の電圧が加わる。

図 2 のグラフより，電熱線 **a**，電熱線 **b** に 4 V の電圧が加わるとき，それぞれの電熱線を流れる電流は，0.10 A，0.20 A になるので，電流計の示す値は，

$0.10 + 0.20 = 0.30〔A〕$

!ここに注意 直列回路と並列回路とでは，各部分を流れる電流の関係や，各部分に加わる電圧の関係が異なることをおさえておこう。
直列回路…各部分の電流の大きさは，どこでも同じ。各部分の電圧の和が，全体の電圧と等しい。
並列回路…枝分かれする前の電流の大きさは，枝分かれしたあとの電流の大きさの和に等しい。全体の電圧と各部分の電圧が等しい。

4 (1)回路全体に加わる電圧の大きさが 6 V，流れる電流が 2.5 A だから，全体の抵抗の大きさは，

$\frac{6〔V〕}{2.5〔A〕} = 2.4〔Ω〕$

(2)容器 **A** の水の温度は，電流を流してから 4 分後には，17.6 − 14.4 = 3.2〔℃〕上昇している。電流を流した時間と水の温度上昇は比例するから，8 分後には 6.4 ℃上昇する。したがって，容器 **A** の水の 8 分後の温度は，14.4 + 6.4 = 20.8〔℃〕になる。

同じように考えると，容器 **B** の水では 4 分後には 4.8 ℃上昇しているから，8 分後には 9.6 ℃上昇する。したがって，容器 **B** の水の 8 分後の温度は，

14.4 + 9.6 = 24.0〔℃〕になる。

(3)図の回路は並列回路だから，どちらの電熱線にも 6 V の電圧が加わっている。容器 **A** と **B** の水の温度上昇を比べると，表より容器 **B** のほうが大きいので，電熱線 **b** に流れる電流のほうが大きかったと考えられる。

入試攻略 Points

対策 ❶電流と電圧

直列回路

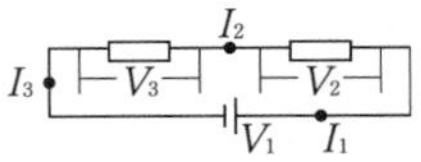

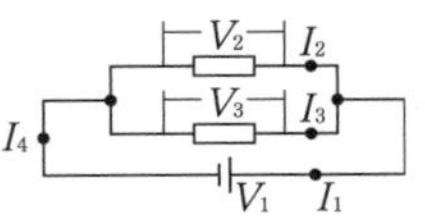

電流… $I_1 = I_2 = I_3$

電圧… $V_1 = V_2 + V_3$

並列回路

電流… $I_1 = I_2 + I_3 = I_4$

電圧… $V_1 = V_2 = V_3$

❷オームの法則

$I = \frac{V}{R}$，$V = IR$，$R = \frac{V}{I}$

❸電力 P〔W〕＝ V〔V〕× I〔A〕

電力量〔J〕＝電力〔W〕×時間〔s〕＝熱量〔J〕

6時間目 電流と磁界

解答（pp.14～15）

1 **図 1…イ　図 2…ウ**

2 (1)**直流**　(2)**ウ**　(3)**エ**

(4)例 **電熱線の抵抗（ていこう）により，流れる電流が小さくなり，コイルにはたらく力が小さくなるから。**

3 (1)①**ウ**　②**イ**　(2)**ウ**

4 (1)例 **(コイル A の左側から)棒磁石の S 極を図 1 のときよりもすばやく入れる。**

(2)**エ**

記述問題にチャレンジ 例 **コイルの中の磁界が変化しないため。**

解　説

1

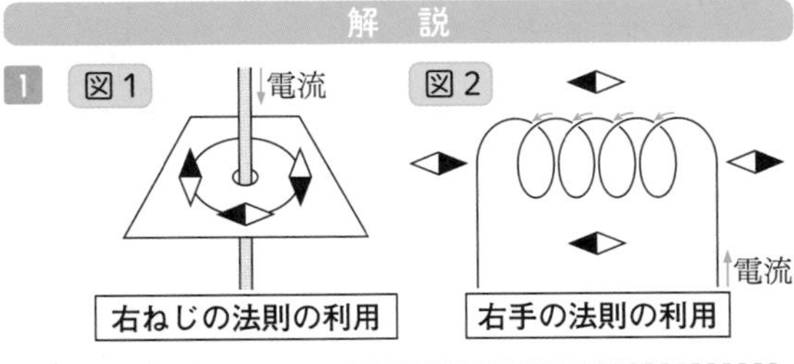

右ねじの法則の利用　　右手の法則の利用

!ここに注意

右手の法則

右手で，親指以外の 4 本の指を電流の流れる向きに合わせてコイルをにぎったとき，親指のさす向きがコイルの中の磁界の向きになる。

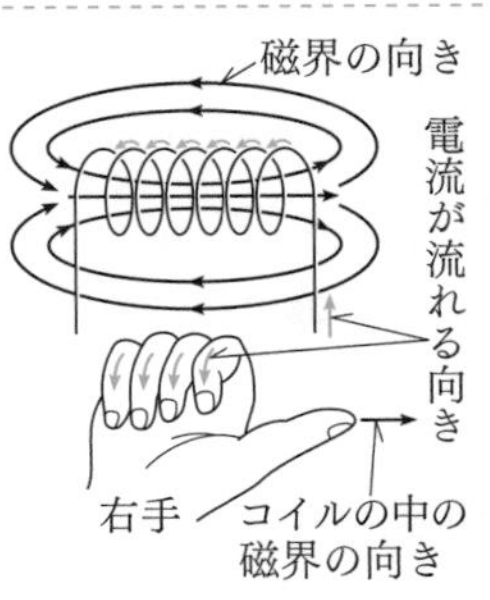

2 (1)乾電池から流れる電流のように，流れる向きが変わらない電流を**直流**という。
(2)電流の向きを逆にすると，コイルにはたらく力の向きも逆になる。
(3)**ア**，**イ**の操作を行うと，コイルにはたらく力は小さくなる。**ウ**の操作を行うと，コイルにはたらく力の大きさは変わらず，力の向きが逆になる。

3 (1)①誘導電流が流れるのは，コイルの中の磁界が変化したときだけなので，棒磁石をコイルに入れたままにしたときは，検流計の針は振れない。
②棒磁石の同じ極をコイルに入れるときと出すときでは，誘導電流の向きが逆になる。
(2)棒磁石のN極をコイルに近づけたときは，N極をコイルの中に入れたときと同じようにコイルの中の磁界が変化するため，針は右に振れる。N極をコイルから遠ざけたときは，N極をコイルの中から引き出したときと同じようにコイルの中の磁界が変化するため，針は左に振れる。

ここに注意 **電磁誘導における磁界の向きと電流の向き**

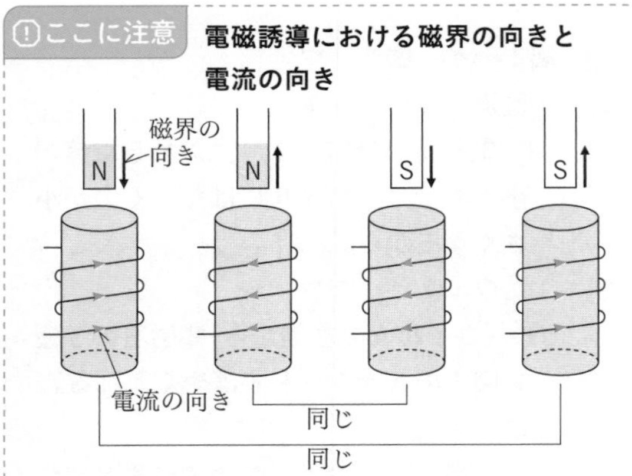

4 (1)**図1**のときと逆向きの電流を流すには，**図1**とは逆に，コイルに入れたN極を遠ざけたり，S極を近づけたりすればよい。また，コイルに流れる電流を大きくするには，磁石をすばやく動かして磁界の変化を大きくすればよい。
(2)電源装置のスイッチを入れたとき，コイル**B**は右端がN極になる。このとき，コイル**A**の左側からN極を近づけたことになるので，**図1**と同様に検流計の指針ははじめ右に振れるが，直流電流を流し続けると磁界は変化しなくなるので，誘導電流は流れなくなり，指針は0にもどる。

入試攻略Points

対策 ❶右ねじの法則，右手の法則を使い，電流の流れる向きとできる磁界の向きの関係がわかるようにしておこう。
❷磁界の中のコイルに電流を流すと，電流が磁界から力を受けてコイルが動く。そのときの電流・磁界・力の向きの関係は，フレミングの左手の法則(右の図)を使って考えるとよい。電流(中指)の向きを逆にすると，コイルにはたらく力(親指)の向きは逆になる。磁界(人さし指)の向きを逆にしても，コイルにはたらく力(親指)の向きは逆になる。また，電流を大きくしたり，磁界を強くしたりすると，コイルにはたらく力は大きくなる。

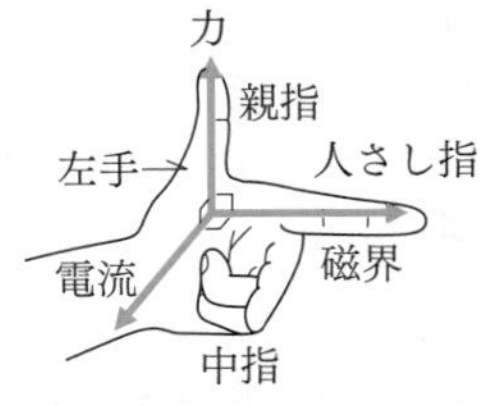

❸誘導電流は，コイルの中の磁界の向きに変化があったときにだけ流れる。磁界の向きが逆になると，誘導電流の向きも逆になる。また，磁石をすばやく動かすほか，磁力の大きい磁石に変えたりして磁界を強くしたり，コイルの巻数を多くしたりすると，流れる誘導電流は大きくなる。

7時間目 化学変化と原子・分子 ①

解答 (pp.16〜17)

1 (1) CO_2
(2)うすい赤色(桃色)
(3)例試験管Bの石灰水の中からガラス管を抜く。
(4)例それぞれの固体を同じ量の水に溶かし，フェノールフタレイン液を加え，赤色の濃さを比べる。
例同じ量の水にそれぞれの固体を加えて溶かしていき，溶ける量を比べる。
など

2 (1)名称…銀
性質…電気を通す。みがくと光る。
たたくとのびる。 から1つ
(2) $2Ag_2O \longrightarrow 4Ag + O_2$
(3) 0.20 g
(4) 93 %

3 (1)①ア ②イ (2)エ (3)エ

4 (1)① Cu ② Cl_2 (2)イ，ウ

記述問題にチャレンジ

化学反応式 $2H_2O \longrightarrow 2H_2 + O_2$

モデル

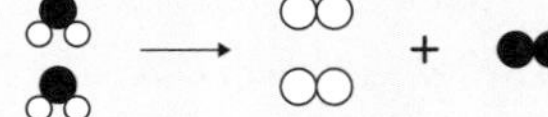

解　説

1　炭酸水素ナトリウムを加熱すると，二酸化炭素と水と炭酸ナトリウムに分解される。

(1)石灰水を白く濁(にご)らせる気体は二酸化炭素である。二酸化炭素の分子は，炭素原子１個と酸素原子２個が結びついている。

(2)青色の塩化コバルト紙に水をつけると，うすい赤色(桃色)になる。

(3)試験管**B**の石灰水の中からガラス管を抜く前にガスバーナーの火を消すと，試験管**A**内が冷えて，圧力が下がり，石灰水が試験管**A**の中に入ってくる。石灰水が試験管**A**の加熱部分に流れると，試験管**A**が割れることがある。

(4)炭酸水素ナトリウムの水溶液(すいようえき)は弱いアルカリ性で，加熱後にできた炭酸ナトリウム(白い固体)の水溶液は炭酸水素ナトリウムの水溶液よりも強いアルカリ性なので，フェノールフタレイン液を加えると，炭酸ナトリウムの水溶液のほうが濃い赤色になる。また，炭酸水素ナトリウムは水に少ししか溶けないが，加熱後にできた炭酸ナトリウムは水によく溶ける。

2　酸化銀を加熱すると，銀と酸素に分解される。

(1)白色の物質は銀で，金属が示す性質をもっている。

(3)５回目以降変化がなかったことから，2.70 g の銀がとり出せる。よって，含(ふく)まれていた酸素の質量は，

$2.90 - 2.70 = 0.20$〔g〕

(4)銀の質量は，５回目の結果から 2.70 g で，酸化銀の質量は，加熱前の 2.90 g だから，銀の質量の割合は，

$\frac{2.70}{2.90} \times 100 = 93.1\cdots \rightarrow 93$〔%〕

3　(1)電源装置の－(マイナス)極とつないだ電極**P**が陰(いん)極，＋(プラス)極とつないだ電極**Q**が陽極である。水を電気分解すると，陰極で水素，陽極で酸素がそれぞれ発生し，その体積比は２：１である。

(2)純粋(じゅんすい)な水では電流が流れにくいので，電流が流れやすい水酸化ナトリウム水溶液を使用する。

(3)電極**Q**(陽極)で発生した気体は酸素である。酸素は，物質を燃やすはたらきがあるが，酸素自身は燃えない。また，無色・無臭(むしゅう)で，水に溶けにくい気体である。

4　$CuCl_2 \longrightarrow Cu + Cl_2$（Cu：陰極に付着）

塩素は，プールの水の消毒剤(しょうどくざい)として使われる気体である。

ⓘここに注意　水素や酸素のように分子をつくる物質の化学式は，分子をつくる原子の記号と個数で表す。したがって，水素の化学式は H ではなく H_2，酸素の化学式は O ではなく O_2 となることに注意しよう。

入試攻略 Points

対策　❶，❷化学変化を化学反応式で表し，そこから問題を解くような習慣を身につけておこう。化学反応式には，発生する気体，できる物質など問題を解く手がかりになるかぎがある。

炭酸水素ナトリウムの熱分解

$2NaHCO_3 \longrightarrow Na_2CO_3 + CO_2 + H_2O$

酸化銀の熱分解

$2Ag_2O \longrightarrow 4Ag + O_2$

水の電気分解

$2H_2O \longrightarrow 2H_2 + O_2$

塩化銅水溶液の電気分解

$CuCl_2 \longrightarrow Cu + Cl_2$

8時間目　化学変化と原子・分子 ②

解答（pp.18～19）

1　(1)**イ**
(2)**A…磁石に引きつけられた。**
B…磁石に引きつけられなかった。
(3)**エ**　(4)**硫化鉄(りゅうかてつ)**

2　(1)**還元(かんげん)**　(2)**0.37 g**　(3)**0.45 g**

3　(1)**3：2**　(2)**0.3 g**

4　(1)**二酸化炭素**　(2)**1.2 g**　(3)**2.0 g**

記述問題にチャレンジ　例 **化学変化の前後で，物質全体の質量は変わらないという法則。**

解　説

1　鉄と硫黄(いおう)の混合物を加熱すると，鉄と硫黄が結びついて硫化鉄ができる。

(1)試験管は口を上にして傾(かたむ)け，混合物の上部を加熱すると，反応が始まって加熱をやめても，次々に反応が起こる。

(2)試験管**A**の混合物中の鉄粉が磁石に引きつけられる。

試験管**B**の中の加熱後の物質(硫化鉄)は鉄とは異なる物質なので，磁石に引きつけられない。

(3)試験管**A**の中の物質にうすい塩酸を加えると，混合物中の鉄と反応して水素が発生する。水素は，無色・無臭(むしゅう)の気体である。

試験管**B**の中の物質にうすい塩酸を加えると，加熱後の物質(硫化鉄)と反応し，無色で特有の刺激臭(しげきしゅう)がある気体が発生する。この気体は硫化水素(りゅうかすいそ)という有毒な気体である。

2 (1)この化学変化を化学反応式で表すと，

$2CuO + C \longrightarrow 2Cu + CO_2$ となる。このように（還元）

酸化物から酸素がとり除かれる化学変化を**還元**という。

還元が起こる化学変化では，**酸化**も同時に起こる。この実験の場合は，$C + O_2 \longrightarrow CO_2$ の酸化が起こっている。

(2)炭素 0.20 g のとき，発生する二酸化炭素の質量は，

$6.00 + 0.20 - 5.46 = 0.74$〔g〕

炭素 0.40 g のとき，発生する二酸化炭素の質量は，

$6.00 + 0.40 - 4.92 = 1.48$〔g〕

炭素の質量を 2 倍(0.20 g から 0.40 g)にしたとき，発生する二酸化炭素の質量も 2 倍(0.74 g から 1.48 g)になっていることから，このとき炭素はすべて反応しており，炭素の質量と発生する二酸化炭素の質量の比は，

炭素：二酸化炭素＝ 0.20：0.74 ＝ 10：37

であるとわかる。よって，炭素 0.10g のとき，発生する二酸化炭素の質量を x〔g〕とすると，

$0.10 : x = 10 : 37$，$x = 0.37$〔g〕

(3)炭素の質量が 0.60 g 以上になると発生する二酸化炭素の質量は 1.66 g で一定になる。このことから酸化銅 6.00 g は，炭素の質量が 0.40 g ～ 0.60 g の間で過不足なく反応し，二酸化炭素が 1.66 g 発生することがわかる。(2)より，炭素 0.10 g のとき，二酸化炭素は 0.37 g 発生するから，二酸化炭素がちょうど 1.66 g 発生するときの炭素の質量を y〔g〕とすると，

$y : 1.66 = 0.10 : 0.37$，$y = 0.448 \cdots \rightarrow 0.45$〔g〕

よって，酸化銅 6.00 g をすべて反応させるためには，炭素は少なくとも 0.45 g 必要であると考えられる。

!ここに注意　発生した二酸化炭素を計算

酸化銅の質量〔g〕	a	6.00	6.00	6.00	6.00	6.00
炭素の質量〔g〕	b	0.20	0.40	0.60	0.80	1.00
反応後の試験管内にある固体の質量〔g〕	c	5.46	4.92	4.94	5.14	5.34
$a + b - c$〔g〕		0.74	1.48	1.66	1.66	1.66

炭素の質量が 0.40 g までは，炭素の質量に比例して二酸化炭素の質量がふえている。炭素の質量が 0.60 g 以上になると二酸化炭素はそれ以上ふえていない。⇨酸化銅 6.00 g は炭素の質量が 0.40 ～ 0.60 g の間で過不足なく反応することがわかる。

3 マグネシウム＋酸素 ⟶ 酸化マグネシウム

(1)質量保存の法則より，反応する酸素の質量は，一定になったマグネシウムの粉末の加熱後の質量から加熱前のマグネシウムの粉末の質量を引いた値(あたい)である。よって，0.3 g のマグネシウムと反応する酸素の質量は，

$0.5 - 0.3 = 0.2$〔g〕

マグネシウムの質量：反応する酸素の質量

$= 0.3 : 0.2 = 3 : 2$

(2)このときマグネシウムと反応した酸素は，

$1.8 - 1.2 = 0.6$〔g〕

0.6 g の酸素と反応しているマグネシウムの質量を x〔g〕とすると，

$3 : 2 = x : 0.6$，$x = 0.9$〔g〕

よって，反応せずに残っているマグネシウムの質量は，

$1.2 - 0.9 = 0.3$〔g〕

4 (1)塩酸に石灰石(せっかいせき)を入れると，発生する気体は二酸化炭素である。

(2)石灰石の質量が 3.0 g のとき，減少した質量は，$127.2 - 126.0 = 1.2$〔g〕となるから，1.2 g の二酸化炭素が発生した。

(3)**図 2** より，塩酸 10 cm^3 と過不足なく反応する石灰石の質量は 3.0 g だから，塩酸 20 cm^3 と過不足なく反応する石灰石の質量は 6.0 g である。よって，塩酸 20 cm^3 を加えると 5.0 g の石灰石はすべて塩酸と反応する。(2)より，3.0 g の石灰石で発生する二酸化炭素の質量は 1.2 g だから，5.0 g の石灰石で発生する二酸化炭素の質量を x〔g〕とすると，

$3.0 : 1.2 = 5.0 : x$，$x = 2.0$〔g〕

入試攻略 Points

対策　❶いろいろな結びつく化学変化を化学反応式で表すことができるようにしておこう。

鉄と硫黄の反応　$Fe + S \longrightarrow FeS$

銅と酸素の反応　$2Cu + O_2 \longrightarrow 2CuO$

マグネシウムと酸素の反応

$2Mg + O_2 \longrightarrow 2MgO$

❷酸化銅の炭素による還元(炭素は酸化)

$2CuO + C \longrightarrow 2Cu + CO_2$

酸化銅の水素による還元(水素は酸化)

$CuO + H_2 \longrightarrow Cu + H_2O$

❸化学反応で，反応する物質の質量比をグラフや表から求める練習をしておこう。

9時間目　浮力と力の合成・分解

解答 (pp.20～21)

1 (1)**オ**　(2)**0.64 N**

2 (1)**物体 X…イ**

物体 Y…ウ

(2)**0.33 N**

3 (1)**5 N**　(2)**右図**

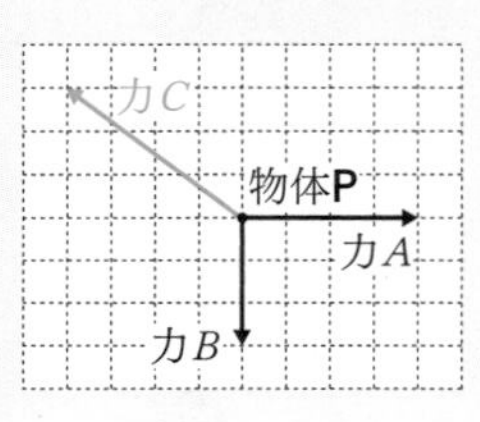

4 (1)右図
(2) 120°
(3)ウ

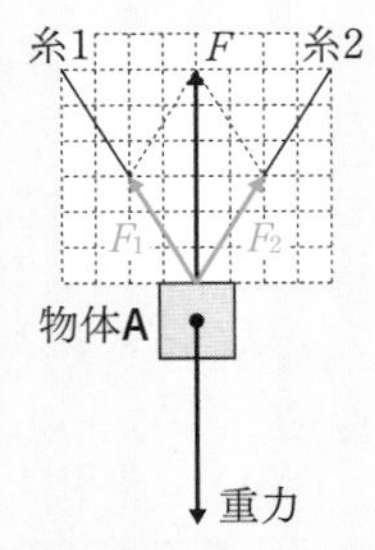

記述問題にチャレンジ 例 **物体の上面にはたらく水圧より，物体の下面にはたらく水圧のほうが大きいので，物体をおし上げる力，つまり浮力がはたらく。**

解　説

1 (1)水の圧力は，すべての面に垂直にはたらき，その大きさは，水面の深さに比例して大きくなる。
(2)表より，重さ 1.2 N の物体**A**をばねにつるすと，ばねは 6.0 cm 伸びる。また，深さ x が 4.0 cm のとき，ばねの伸びは 2.8 cm なので，このときばねにはたらいている力の大きさを y〔N〕とすると，

1.2：6.0 ＝ y：2.8，y ＝ 0.56〔N〕

したがって，浮力の大きさは，

1.2 − 0.56 ＝ 0.64〔N〕

別解 アルキメデスの原理を利用する。
深さ x が 4.0 cm のとき，水中に沈んでいる部分の体積は，16 × 4 ＝ 64〔cm^3〕であり，水の密度は 1.0 g/cm^3 なので，質量は 64 g である。浮力は，その物体がおしのけた水の重さと同じであるので，

64 ÷ 100 ＝ 0.64〔N〕

2 (1)**図 1** で，物体**X**は沈んでいるので，重力のほうが大きい。物体**Y**は浮いて静止しているので，重力の大きさと浮力の大きさは同じである。
(2)**図 2** より，物体**X**にはたらく浮力の大きさは，

0.84 − 0.73 ＝ 0.11〔N〕

図 3 より，物体**X**と物体**Y**にはたらく浮力の大きさの合計は，

(0.84 ＋ 0.24) − 0.64 ＝ 0.44〔N〕

したがって，物体**Y**にはたらく浮力の大きさは，

0.44 − 0.11 ＝ 0.33〔N〕

!ここに注意 水中で，物体にはたらく上向きの力が浮力である。浮いて静止している物体では，重力と浮力はつりあっている。

3 (1)力 A と力 B は直交しているので，右の図のように，力 A と力 B を2辺とする長方形の対角線である力 D が合力となる。力 D は，辺の長さの比が3：4：5の直角三角形の斜辺なので，力 A と力 B の合力の大きさは5 N である。

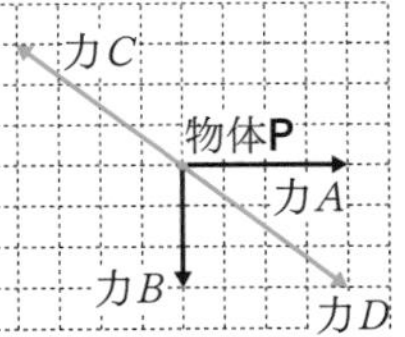

(2)物体**P**を静止させるには，力 A と力 B の合力である力 D とつりあう力をはたらかせればよい。

4 (1)となり合う2辺が糸1，2上にあり，F が対角線になるような平行四辺形を描く。
(2)右の図のように，F，F_1 を2辺とする正三角形，F，F_2 を2辺とする正三角形をつくるように作図すれば，それぞれの矢印の長さがすべて等しい平行四辺形(ひし形)ができ，このとき糸1，2の間の角度は 120° になる。

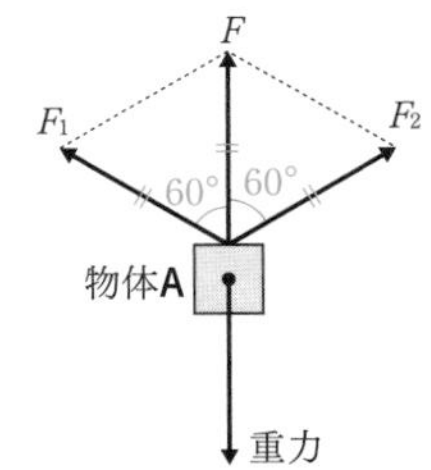

(3)重力とつりあう力(F)が一定ならば，糸1，2の間の角度が小さくなると，引く力は小さくなる。

入試攻略 Points

対策 ❶水中にある物体は，あらゆる向きから水の重さによる圧力を受けている。これを**水圧**といい，水圧の大きさは水の深さに比例して大きくなる。そのため，水中にある物体の上面が受ける水圧と，下面が受ける水圧には差があり，浮力はこの差によって生じる。
❷液体の中にある物体にはたらく浮力の大きさは，その物体がおしのけた液体の重さと同じである。これを利用したのが **1** (2)の 別解 アルキメデスの原理である。
❸合力は2力を2辺とする平行四辺形の対角線，分力はもとの力を対角線とする平行四辺形のとなり合う2辺として表される。正しく作図できるようにしておこう。

10時間目 物体の運動

解答 (pp.22〜23)

1 81 cm/s
2 (1) 0.1 秒　(2) 137 cm/s
3 (1) 55 cm/s　(2)イ
4 (1)①一定　②いない　(2)オ
5 右図

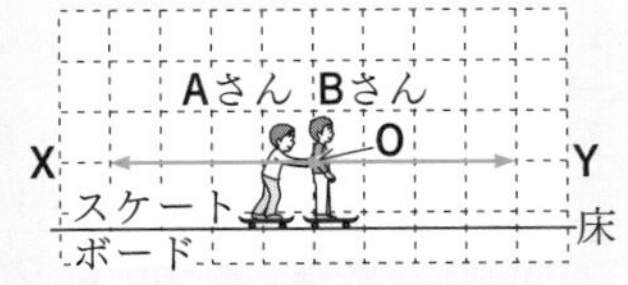

記述問題にチャレンジ 例 **小球にはたらく重力の斜面に平行な方向の分力が大きくなるから。**

解　説

1　車が b 点から c 点まで 0.2 秒間で進んだ距離は，

$33.5 - 17.3 = 16.2$〔cm〕

したがって，b c 間の車の平均の速さは，

16.2〔cm〕$\div 0.2$〔s〕$= 81$〔cm/s〕

2　(1) 1 打点間は $\frac{1}{50}$ 秒で，B C 間は 5 打点だから，B C 間の時間は，$\frac{1}{50} \times 5 = \frac{1}{10}$〔s〕

(2) C D 間も 5 打点だから，C D 間の時間も $\frac{1}{10}$ 秒である。したがって，C D 間の平均の速さは，

$(27.6 - 13.9)$〔cm〕$\div \frac{1}{10}$〔s〕$= 137$〔cm/s〕

3　(1) C の記録テープが記録された時間は，

$\frac{1}{60} \times 6 = \frac{1}{10}$〔s〕

したがって，この区間における台車の速さは，

5.5〔cm〕$\div \frac{1}{10}$〔s〕$= 55$〔cm/s〕

(2) 斜面の傾きが小さくなると，台車にはたらく斜面に沿った下向きの力が小さくなるため，速さの変化も小さくなる。

4　(1) 一般に，空気の抵抗や摩擦などがはたらかない場合，物体が**等速直線運動**をしているとき，物体の運動方向には力がはたらいていない。

(2) 等速直線運動をしているときには，物体の移動距離は時間に比例するので，グラフは原点を通る直線になる。

ここに注意　等速直線運動では，下の図のように，速さと時間の関係を表すグラフは横軸に平行に，移動距離と時間の関係を表すグラフは原点を通る直線になる。

この 2 つのグラフをしっかり理解し，混同しないようにしよう。

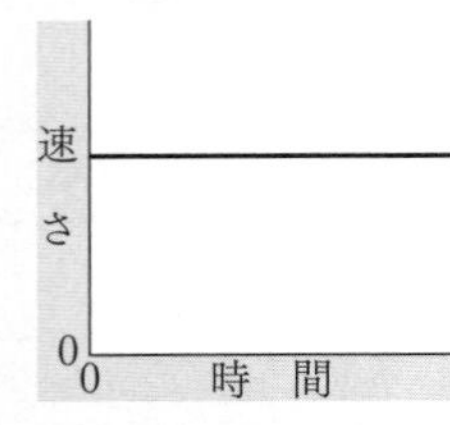

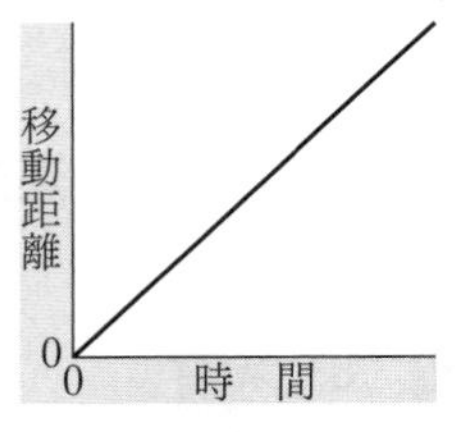

5　A さんが B さんをおすと，A さんも B さんから，B さんの動く向きと反対の向きに，おした力と同じ大きさの力を受けて動く。

入試攻略 Points

対策　❶記録タイマーが 1 秒間に 50 打点を打つとき，1 打点間の間隔は $\frac{1}{50}$ 秒で，5 打点間の間隔は，$\frac{1}{50} \times 5 = 0.1$〔s〕である。

速さ〔cm/s〕＝ $\frac{\text{距離〔cm〕}}{\text{時間〔s〕}}$ で表される。

❷等速直線運動をする物体には運動の方向に力がはたらいていないか，はたらいていてもつりあっているので一定の速さで運動するが，斜面をすべり落ちる物体や自由落下する物体には運動の方向に力がはたらき続けるので，速さが変化する。

❸力のつりあいは 1 つの物体にはたらく力の関係で，作用・反作用は 2 つの物体の間ではたらく力の関係である。力のつりあいか作用・反作用かを判断するには，力がそれぞれ何に対してはたらいているかに注目するとよい。

11時間目　仕事とエネルギー

解答（pp.24〜25）

1　(1)① 40 g　② 0.48 J

(2)①ア　② 0.8 N

2　(1) 3 cm　(2) 4 N　(3) 0.36 J

3　(1)(左から順に)＝，<，<

(2)右図

4　(1)① B　② A

(2)熱エネルギー

記述問題にチャレンジ　例 **道具を使うと力は小さくてすむが，力をはたらかせる距離が大きくなり，仕事の大きさは変わらないこと。**

解　説

1　(1)①物体と動滑車を合わせた重さは，ばねばかりが示した 1.2 N の 2 倍の 2.4 N である。このうち物体の重さは 2 N であるので，動滑車の重さは，

$2.4 - 2 = 0.4$〔N〕

よって，質量は 40 g となる。

②物体を 20 cm の高さに引き上げるには，手でばねばかりを 40 cm 引き上げなければならない。よって，そのときの仕事は，

1.2〔N〕$\times 0.4$〔m〕$= 0.48$〔J〕となる。

(2)①重力は物体の中心から鉛直下向きに引いて表す。

②斜面を使って 80 cm 動かした仕事の大きさ（W_1 とする）と，斜面を使わないでまっすぐ上に 32 cm 引き上げた仕事の大きさ（W_2 とする）は同じである（**仕事の原理**）。斜面に沿って物体を引くときの力を x〔N〕とすると，

W_1〔J〕$= x$〔N〕$\times 0.8$〔m〕，

W_2〔J〕$= 2$〔N〕$\times 0.32$〔m〕より，

$x \times 0.8 = 2 \times 0.32$，$x = 0.8$〔N〕

ここに注意 (1)動滑車を1個使うと，力は$\frac{1}{2}$ですむが，ひもを引く距離は2倍になる。
(2)斜面を使って物体を引き上げるとき，斜面に沿って引く力は次の公式で求めることができる。

$$F = G \times \frac{\text{高さ}}{\text{斜辺}}$$

(2)の②の問題で，この公式を使うと，

$F = 2 \times \frac{32}{80}$

$= 0.8$〔N〕となる。

2 (1)**AC**：**BC** = 10：30 = 1：3であるから，**B**点を9 cmおし下げたとき，おもりは3 cmだけ持ち上げられる。
(2)**B**点に加えた力をx〔N〕とすると，
1：3 = x：12，x = 4〔N〕
(3)おもりの位置エネルギーは，おもりを持ち上げた仕事の大きさに等しいから，
12 × 0.03 = 0.36〔J〕である。

3 (1)点**a**と点**g**では，基準面からの高さが15 cmで同じなので，おもりのもつ位置エネルギーは等しい($p = s$)。
点**a**では，おもりは静止しているので運動エネルギーは0であるが，点**g**では，おもりは点**f**からはなされ，ある速さで運動しているので，おもりがもつ運動エネルギーは点**a**よりも点**g**のほうが大きい($q < t$)。
力学的エネルギーは位置エネルギーと運動エネルギーの和である。点**a**と点**g**では，位置エネルギーは等しいが，運動エネルギーは点**a**よりも点**g**のほうが大きいので，力学的エネルギーも点**a**よりも点**g**のほうが大きい($r < u$)。
(2)点**a**から点**c**の間では，位置エネルギーが減少する分だけ運動エネルギーが増加するので，力学的エネルギーは一定である。同じように，点**c**から点**e**の間では，運動エネルギーが減少する分だけ位置エネルギーが増加するので，力学的エネルギーは一定である。したがって，点**a**から点**e**まで運動したときの力学的エネルギーの大きさは，つねに一定である。

4 **A**は熱エネルギー，**B**は電気エネルギー，**C**は光エネルギーを表している。
(1)アイロンは，電気エネルギーを熱エネルギーに変換(へんかん)している。
(2)運動エネルギー→電気エネルギー→光エネルギーと変換されていくうちに，すべてが変換されるのではなく，一部は熱エネルギーにも変換されてしまうが，エネルギーがなくなることはなく，その総量は保存されている。

入試攻略Points

対策 ❶右の図のように，床(ゆか)の上にある重さ10 Nの物体を，床に沿って右のほうへ2 m動かすとき，加える力の大きさは摩擦力に等しいので，仕事の大きさは，

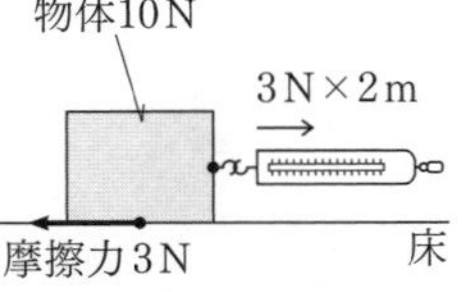

摩擦(まさつ)力〔N〕×距離〔m〕
で表す。よって，3〔N〕× 2〔m〕= 6〔J〕となる。
このとき物体の重さは関係しない。
❷エネルギーは形を変えて移り変わるが，その総量は変わらない。これを**エネルギー保存の法則**という。

12時間目 化学変化とイオン

解答（pp.26〜27）

1 (1)青色 (2)① Cu^{2+} ② Cl^-
(3)①銅 ②2 ③受けとり
(4)非電解質(ひでんかいしつ) (5)ア

2 (1)例 蒸留水(じょうりゅうすい)で電極をよく洗う。
(2)食塩水，レモンの果汁(かじゅう)
(3)電解質
(4)①水酸化ナトリウム水溶液(すいようえき)
②a…Cl_2 b…O_2

3 名称…塩素
理由…例 塩素は水によく溶(と)けるから。

記述問題にチャレンジ 例 ピンチコックをはずす。

解　説

1 (1)塩化銅水溶液が透明(とうめい)な青色をしているのは，銅イオン(Cu^{2+})のためである。
(2)塩化銅($CuCl_2$)は水に溶けると，銅原子は電子を2個失って銅イオン(Cu^{2+})となり，塩素原子は電子を1個受けとり塩化物イオン(Cl^-)となる。
(3)各電極での電子のやりとりは次のようである。
陽極…陰(いん)イオンのCl^-が移動し，電極で電子を失って，塩素原子(Cl)になる。Clが2個集まって塩素分子(Cl_2)となって発生する。

$2Cl^- \longrightarrow Cl_2 + 2e^-$

陰極…陽イオンのCu^{2+}が移動し，電極から2個の電子を受けとって銅原子(Cu)となって電極の表面に付着する。

$Cu^{2+} + 2e^- \longrightarrow Cu$

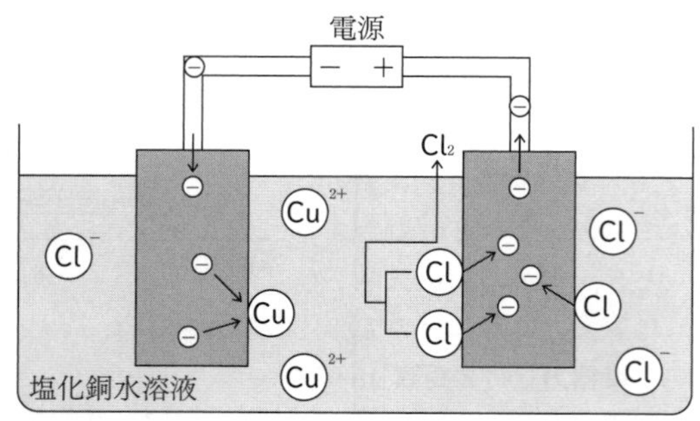

(4)水に溶かしてもイオンに分かれない(電離しない)物質を**非電解質**という。

(5)原子は，1個の原子核といくつかの電子からできている。また，原子核は＋(プラス)の電気をもった陽子と電気をもたない中性子からできている。

　銅原子は，29個の陽子と29個の電子をもっており，電気的に中性になっている。

2 (1)電極についた水溶液が，これから調べようとする新しい水溶液に混ざると，正しい結果を得ることができない。

(2)食塩水とレモンの果汁は電解質であるので電流を流すが，エタノール水溶液と砂糖水は非電解質であるので電流を流さない。

(4)3つの水溶液を電気分解したとき，陽極と陰極で発生する物質は次のようである。

水溶液	塩化銅水溶液	塩　酸	水酸化ナトリウム水溶液
陽　極	Cl_2	Cl_2	O_2
陰　極	Cu	H_2	H_2

3 塩酸を電気分解すると，陽極に塩素(Cl_2)，陰極に水素(H_2)が発生するが，塩素は水に溶けやすい気体であるので集まりにくい。

入試攻略 Points

対策　❶，❷電解質の電離のようすを，化学式を用いて正しく書けるようにしておこう。

食塩　$NaCl \longrightarrow Na^+ + Cl^-$

塩化水素　$HCl \longrightarrow H^+ + Cl^-$

塩化銅　$CuCl_2 \longrightarrow Cu^{2+} + 2Cl^-$

水酸化ナトリウム　$NaOH \longrightarrow Na^+ + OH^-$

水酸化バリウム　$Ba(OH)_2 \longrightarrow Ba^{2+} + 2OH^-$

硫酸　$H_2SO_4 \longrightarrow 2H^+ + SO_4^{2-}$

13時間目　電池のしくみ

解答(pp.28～29)

1 (1)**エ**　(2)**記号…エ　化学式…Zn^{2+}**

(3) $Cu^{2+} + 2e^- \longrightarrow Cu$

2 (1)例 **アルミニウムが電子を失い，アルミニウムイオンとなった。**

(2)**ウ，オ**

3 (1)**化学式…H_2　記号…イ**

(2) **Mg^{2+}**　(3)**オ**

(4) **a…ウ　b…エ　c…イ**

記述問題にチャレンジ　例 **電流は＋極から－極に向かって流れるが，電子は逆向きに移動する。**

解　説

1 (1)銅は磁石につかない金属である。

(2)亜鉛と銅では，亜鉛のほうがイオンになりやすいので，亜鉛原子は電子を2個放出して亜鉛イオンになり，水溶液中に溶け出す。

(3)銅板の表面では，硫酸銅水溶液中の銅イオンが亜鉛原子の放出した電子を受けとり，銅原子となって銅板に付着する。

ここに注意　金属には次のような共通した特有の性質がある。

- **電流が流れやすく，熱がよく伝わる。**
- **みがくと光沢が出る(金属光沢)。**
- **たたくと広がり(展性)，引っ張ると延びる(延性)。**

鉄は磁石に引きつけられるが，銅やアルミニウムは引きつけられないので，磁石に引きつけられる性質は金属に共通した性質とはいえない。

2 (1)アルミニウム原子は電子を3個放出し，アルミニウムイオンになって溶け出る。

(2)溶かして水溶液にすると，電流が流れる物質を**電解質**という。レモン汁，食酢はともに電解質の水溶液である。

3 (1)塩酸は $HCl \longrightarrow H^+ + Cl^-$ のように電離しており，H^+が銅板から電子e^-を受けとって水素原子となり，水素原子が2個集まって水素分子となり，水素が発生する。

$2H^+ + 2e^- \longrightarrow H_2$

アでは酸素O_2が，**イ**では水素H_2，**ウ**では二酸化炭素CO_2がそれぞれ発生する。

(2)マグネシウム原子が電子2個を失ってMg^{2+}となる。

$Mg \longrightarrow Mg^{2+} + 2e^-$

(3)うすい塩酸の中に，イオンとなって溶け出している金属板が－極となる。したがって，①の組み合わせでは亜鉛板が，②の組み合わせではマグネシウム板が，③の組み合わせではマグネシウム板が－極になる。

(4)化学変化による化学エネルギーが，電池による電気エネルギーに移り変わり，さらにモーターが回転するという運動エネルギーに移り変わっている。

入試攻略Points

対策 ❶，❷電池のしくみと，電子の移動について，次の図でしっかりと理解しておこう。

〔ダニエル電池〕

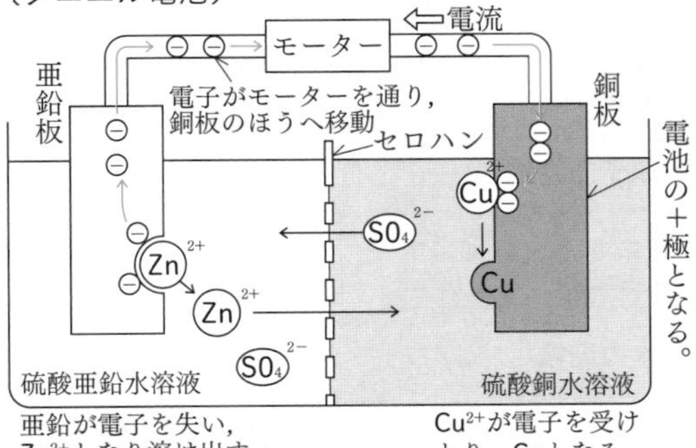

〔ボルタ電池〕

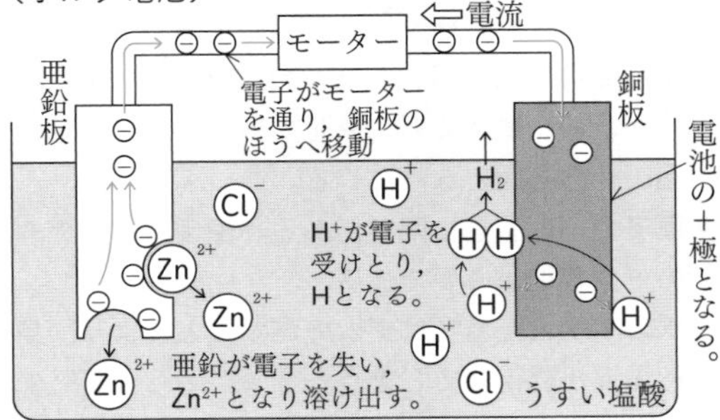

❸電池は，化学反応によって放出されたエネルギーを電気エネルギーとしてとり出す装置である。

14時間目 酸・アルカリとその性質

解答（pp.30〜31）

1 (1)**陽イオン…H^+　陰イオン…Cl^-**

(2)**水素**

(3)例**中和が起こり，酸性の性質が弱められたから。**

(4)①**ア**　②**イ**

(5)**$HCl + NaOH \longrightarrow H_2O + NaCl$**

(6)**食塩（塩化ナトリウム）**

2 (1)**ア**　(2)①**電離**　②**水素**　③**陰**

3 (1)**ア，イ，エ**　(2)①**ウ**　②**イ**

記述問題にチャレンジ　例**酸の陰イオンとアルカリの陽イオンが結びついてできた物質。**

解説

1 (1)塩化水素の化学式はHClである。これが水に溶けると，$HCl \longrightarrow H^+ + Cl^-$ のように電離する。

(2)酸の水溶液に金属（この場合はマグネシウム）を入れると水素が発生する。

$$2HCl + Mg \longrightarrow MgCl_2 + H_2$$

(3)Bの試験管では，うすい塩酸にうすい水酸化ナトリウム水溶液を加えているので**中和**が起こり，酸の性質が少し打ち消されて弱くなっている。

(4)青色（アルカリ性）になった溶液に，少しずつうすい塩酸を加え，色が緑色（中性）になるようにする。

(5)・(6)

$$\begin{array}{rl} & HCl \longrightarrow H^+ + Cl^- \\ +) & NaOH \longrightarrow Na^+ + OH^- \\ \hline & H_2O + NaCl \end{array}$$

NaClは水溶液中では，ナトリウムイオンNa^+，塩化物イオンCl^-に電離しているが，水を蒸発させるとNaClとなって出てくる。

2 (1)・(2) $HCl \longrightarrow H^+ + Cl^-$ のように電離している。水素イオンH^+は陰極のほうへ，塩化物イオンCl^-は陽極のほうへ移動していく。リトマス紙の色を変えるのはH^+であり，H^+は酸の性質を示すもとになるものである。よって，H^+により，陰極側に置いた青色リトマス紙（**ア**）が赤色に変化する。

3 (1)中和は塩酸を1滴でも加えれば起こる。したがって，塩も少量ではあるができている。

(2)**ア**のグラフは，水溶液が中性になるまではイオンの数が0で，それからあとはふえているので水素イオン（H^+）の数の変化を示している。

イのグラフは，0からイオンがふえ続けているので塩化物イオン（Cl^-）の数の変化を示している。

ウのグラフは，最初のイオンの数から減り続けていて，水溶液が中性になるとイオンの数が0になっているので水酸化物イオン（OH^-）の数の変化を示している。

エのグラフは，最初からイオンの数に変化がないのでナトリウムイオン（Na^+）の数の変化を示している。

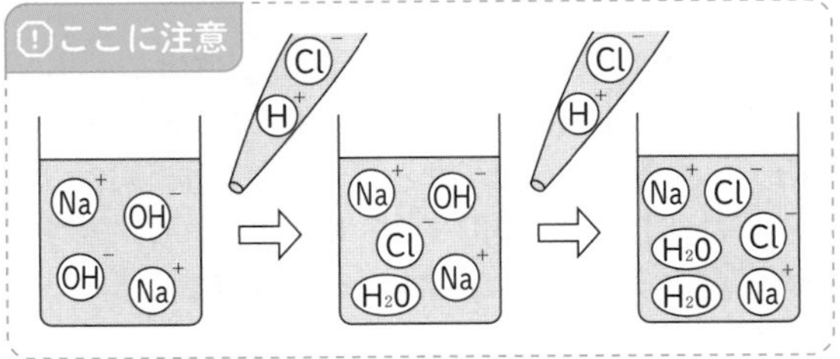

入試攻略Points

対策 ❶，❷**酸**…水溶液にしたとき酸性を示す物質のことで，H^+を含んでいる。

アルカリ…水溶液にしたときアルカリ性を示す物質のことで，OH^-を含んでいる。

中和…$H^+ + OH^- \longrightarrow H_2O$ の反応のことで，お互いの酸とアルカリの性質を打ち消し合う。

❸中和のときのイオンの数の変化を表すグラフ（**3** の(2)）を，ここに注意の図と合わせて理解しておこう。中和の問題として最重要である。

15時間目　科学技術の発展と人間の生活

解答（pp.32〜33）

1 (1)**A…オ　B…エ　C…イ**
(2)**コージェネレーションシステム**
(3)**温室効果ガス**
(4)例**再生可能な資源であるから。**

2 (1)**イ**　(2)**Zn^{2+}**
(3)**$Zn \longrightarrow Zn^{2+} + 2e^-$**
(4)**酸素**　(5)**ウ・オ**
(6)**$2H_2 + O_2 \longrightarrow 2H_2O$**
(7)**燃料電池**　(8)①**化学**　②**光**

記述問題にチャレンジ　例**太陽光や風力のように，くり返し使うことができるエネルギーのこと。**

解　説

1 (1)火力発電は，石油がもつ化学エネルギーをボイラーで燃焼させることにより熱エネルギーに変換し，熱エネルギーで水を圧力の高い水蒸気に変え，それをタービン(羽根車)に吹きつけタービンの運動エネルギーとする。この運動エネルギーを使って発電機を回し，電気エネルギーをとり出す。

原子力発電は，石油のかわりに核燃料を使い，核分裂によって出るエネルギーで高温の水蒸気をつくり，タービンを回す。

水力発電は，水のもっている力学的エネルギーで直接タービンを回す。

(4)再生可能エネルギーを利用した発電には，バイオマス発電のほかに，太陽光発電，風力発電，波力発電，地熱発電などがある。

2 (1)・(2)・(3)亜鉛原子が電子を2個放出して Zn^{2+} となり，溶液中に溶け出ている。亜鉛板で放出された電子は，導線の中を電子オルゴールを通って銅板のほうへ移動(図の b の矢印)する。電流の流れる向きは電子の移動する向きとは逆(図の a の矢印)である。

(4)実験2の電気分解では，

$2H_2O \longrightarrow 2H_2 + O_2$

の反応が起こり，陽極に酸素(O_2)，陰極に水素(H_2)が発生している。

(6)・(7)水を電気分解する化学変化では電気エネルギーを吸収した。この逆の反応が起これば電気エネルギーをとり出すことができる。

$2H_2O \longrightarrow 2H_2 + O_2$
└電気エネルギーを吸収

$2H_2 + O_2 \longrightarrow 2H_2O$
└電気エネルギーを放出

入試攻略 Points

対策　❶水力，火力，原子力発電におけるエネルギーの移り変わりを確認しておこう。

- **火力発電**

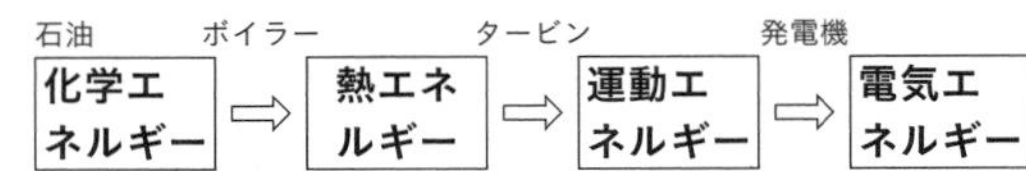

- **原子力発電**

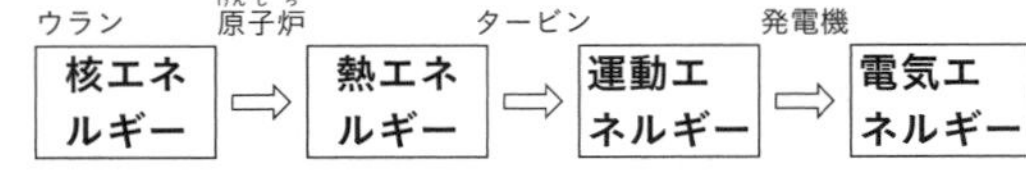

- **水力発電**

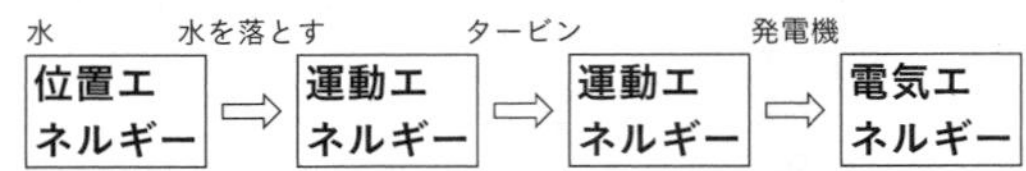

❷エネルギー資源の特徴を理解しておこう。

- **化石燃料**(石油，石炭，天然ガス)…埋蔵量に限りがある。燃えると二酸化炭素が発生し，地球温暖化の原因となっている。
- **原子力**…埋蔵量に限りがある。使用済み核燃料の安全管理が必要である。
- **水力**…水力発電ではダムの建設などにより，自然環境が変化してしまう。

総仕上げテスト ①

解答（pp.34〜36）

1 (1)**電磁誘導**
(2)①**多くする。**　②**強くする。**
(3)**ウ→イ→エ→ア**

2 (1)**水上置換法**
(2)**水素**
(3)**右図**
(4)**燃料電池**

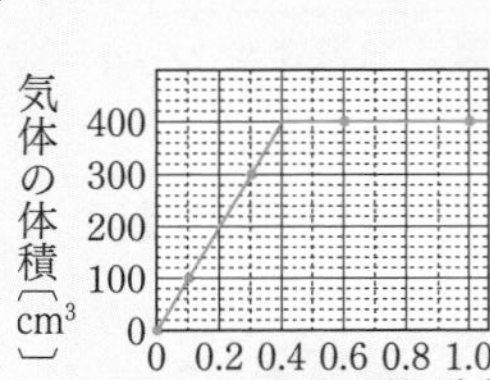

3 (1)**20 ℃**
(2)例**食塩水は，温度を 10 ℃まで下げても飽和水溶液にならないから。**
例**食塩は 10 ℃で約 36 g ほど溶けることができるから。**　など

4 (1)**実像**　(2)**イ**　(3)**220 mA**
(4)①**電力**　②**1.3**

5 (1)**位置エネルギー**
(2)①$\frac{1}{2}$　②**2**　③**0.034**　(3)**0.34 N**

6 ①**電子**　②**亜鉛イオン(Zn^{2+})**
③**銅イオン(Cu^{2+})**

解　説

1 (2)誘導電流は，コイルの巻き数が多いほど，磁石の磁力が強いほど，コイルの中の磁界の変化が大きいほど，大きくなる。
(3)音の高低は，音源の振動数によって決まる。コンピュータの画面に表れた波の山(もしくは谷)が，一定時間内に多くあるものほど振動数が多く，音が高い。山の高さ(谷の深さ)は振幅といい，これが大きいほど大きな音である。

2 (1)水に溶けにくい気体の集め方で，気体を水と置き換えて集める。
(2)酸の水溶液にマグネシウム，亜鉛などの金属を入れると水素が発生する。
(3)発生する気体(水素)の体積は，加えるマグネシウムリボンの質量に比例してふえていくが，塩酸がなくなった時点でもうそれ以上は発生しなくなる。

ここに注意 下に示したグラフのようにはならない。

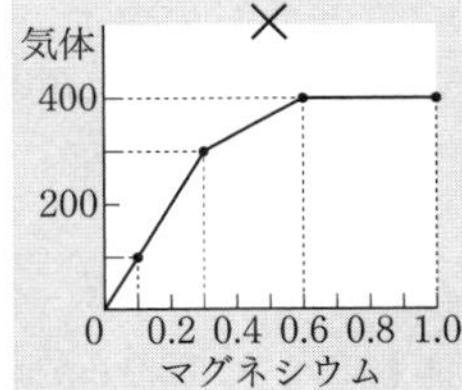

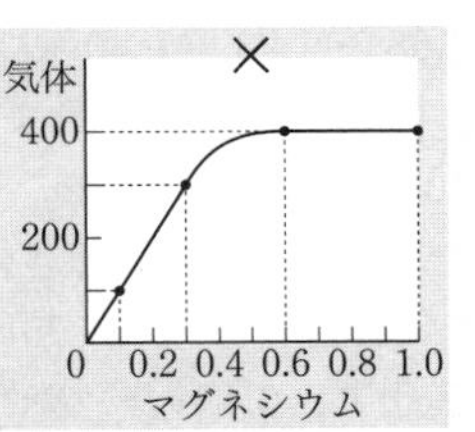

正しい描き方は解答欄にあるように，比例している部分をのばして描き，横軸に平行な直線と交わらせる。その交点でグラフが折れる。この交点は一定量の塩酸と過不足なく反応するマグネシウムの質量を表す。

(4) $2H_2 + O_2 \longrightarrow 2H_2O$
→ 電気エネルギー

この装置のことを**燃料電池**という。

3 (1) 32 g の硝酸カリウムが溶けた水溶液の温度を45 ℃からだんだん下げていくと，およそ20 ℃で飽和水溶液になり，もうそれ以上は溶けなくなる。したがって，20 ℃より温度を下げると硝酸カリウムの結晶が出てくる。

4 (2)このときできる実像は，スライド写真とは上下左右が逆になる。
(3)電圧が 1.5 V ならば，電流は，$\frac{1.5〔V〕}{5〔\Omega〕} = 0.3〔A〕$ である。したがって，電圧が 1.5 V よりやや小さいと予想すると，電流は 300 mA よりやや小さくなるので，電流計の－端子は 500 mA のものを選ぶ。**図 3** で針が右端まで振れたときが 500 mA だから，電流計の針がさす値は 220 mA である。
(4) P を電源にしたときの電圧は，
$0.22〔A〕\times 5〔\Omega〕= 1.1〔V〕$
Q を電源にしたときの電圧は 1.4 V だから，
$1.4〔V〕\div 1.1〔V〕= 1.27\cdots \to 1.3$
Q を電源にしたときの電圧は P のときの約 1.3 倍になる。また，電流の大きさは電圧に比例するので，Q を電源にしたときに流れる電流の大きさも，P のときの約 1.3 倍になる。

5 (1)高い位置にある物体がもつエネルギーを**位置エネルギー**という。
(2)動滑車を 1 個使うと力は $\frac{1}{2}$ ですむが，手が糸を引く距離は 2 倍になり，仕事の量は定滑車を使ったときと変わらない。このように，仕事の量は道具を使っても使わなくても同じであることを，仕事の原理という。
図 1 …仕事 $= 0.68〔N〕\times 0.05〔m〕= 0.034〔J〕$
図 2 …仕事 $= 0.34〔N〕\times 0.1〔m〕= 0.034〔J〕$
(3)動滑車を 2 個使っているので，ばねばかりを引く力は，$\frac{1}{2}\times\frac{1}{2}=\frac{1}{4}$〔倍〕になっている。1 つのおもりと滑車を合わせた重さが 0.68 N であるので，
$0.68 \times 2 \times \frac{1}{4} = 0.34〔N〕$ である。

6 電子は，亜鉛板から導線の中をモーターを通って銅板に移動する。

総仕上げテスト ②

解答 (pp.37～39)

1 (1)①ア　②ア　③全反射　(2) f
2 (1)エ　(2) Na^+　(3) 40 cm^3
3 (1) 20 %
(2)記号…エ
理由…例 力のつりあいより，a は物体にはたらく重力の大きさから垂直抗力の大きさを引いたものであり，b，c は物体 X にはたらく重力の大きさに等しいから。
4 (1) 0.33 A　(2) b　(3) 18 秒後
5 (1)石灰水
(2) $2CuO + C \longrightarrow 2Cu + CO_2$
(3)二酸化炭素…0.44 g　酸化銅…0.40 g
6 (1) 75 cm/s　(2) 1.2 秒
(3)①…ア　②…エ

解　説

1　(2)右の図のように，光**b**は面**A**で屈折，面**B**，**C**で反射，面**D**で屈折して点**f**に達する。光**b**が空気中からガラスに進むときの屈折角，ガラスから空気中に進むときの屈折角はどちらも光**a**と同じである。

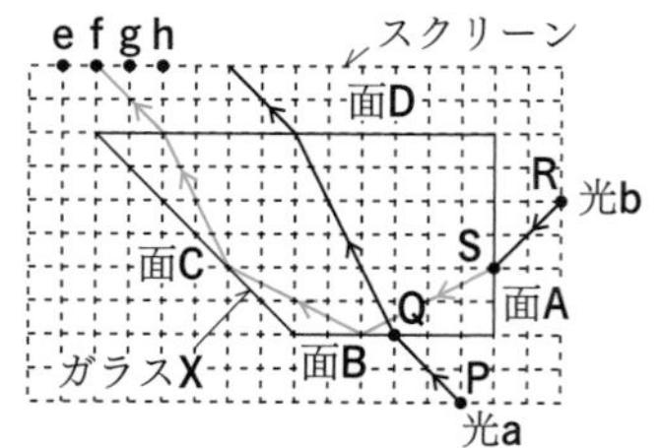

2　(1) BTB液は，酸性で黄色，アルカリ性で青色，中性で緑色を示す。

(2)青色になったことから，水溶液はアルカリ性である。このとき，水酸化ナトリウム水溶液中の水酸化物イオンとナトリウムイオンの数は，塩酸中の水素イオンと塩化物イオンよりも多いが，水酸化物イオンの一部は水素イオンと反応して水になるので，最も数が多いイオンはナトリウムイオンである。

(3)③で緑色になったことから，このとき水溶液は中性である。つまり，うすい塩酸 $10 + 2 = 12$〔cm^3〕とうすい水酸化ナトリウム水溶液 10 cm^3 が過不足なく中和している。したがって，うすい塩酸 48 cm^3 を中性にするために必要なうすい水酸化ナトリウム水溶液の体積を x〔cm^3〕とすると，

$12 : 10 = 48 : x,\ \ x = 40$〔$cm^3$〕

ここに注意　中和により，酸の水素イオン(H^+)とアルカリの水酸化物イオン(OH^-)が結びついて水(H_2O)ができるが，それと同時に，酸の陰イオンとアルカリの陽イオンが結びついて塩ができる。塩酸と水酸化ナトリウムの中和では，塩化ナトリウムと水ができるが，塩化ナトリウムは電解質なので，水に溶けて塩化物イオン(Cl^-)とナトリウムイオン(Na^+)に電離している。

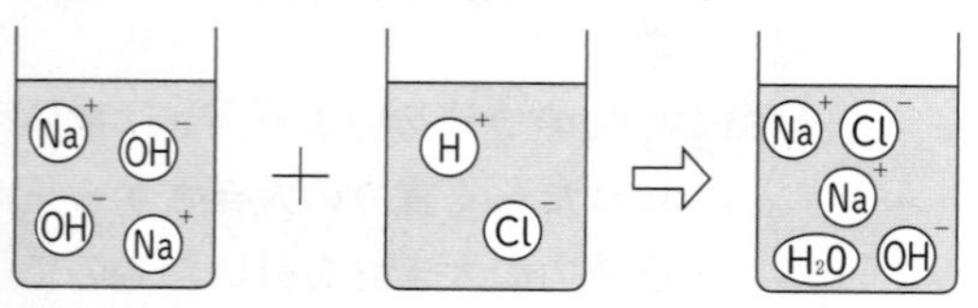

3　(1) $\dfrac{50}{200 + 50} \times 100 = 20$〔%〕

(2)**図2**，**図3**では水中で静止しているので，物体**X**にはたらく重力と浮力**b**，**c**はそれぞれつりあっている。**図1**ではビーカーの底から物体**X**に垂直抗力がはたらいているので，**a**＝(重力)－(垂直抗力)となる。

4　(1) 12〔V〕$\div 36$〔Ω〕$= 0.333\cdots \rightarrow 0.33$〔A〕

(2)**図2**より，回路IIの消費電力は8秒後に3.6 Wに変化しているので，このとき回路IIに流れる電流は，

3.6〔W〕$\div 12$〔V〕$= 0.3$〔A〕

また，このとき回路の抵抗は，

12〔V〕$\div 0.3$〔A〕$= 40$〔Ω〕

したがって，クリップ**b**をはずしたことがわかる。

(3) t〔秒後〕に電力量が等しくなるとすると，

回路I…電力量＝ $4.0\,t$〔W〕

回路II…電力量＝ $4.5 \times 8 + 3.6 \times (t - 8)$

$= 3.6\,t + 7.2$〔W〕

したがって，

$4.0\,t = 3.6\,t + 7.2,\ \ t = 18$〔秒後〕

5　(1)石灰水に二酸化炭素を通すと白く濁る。

(2)酸化銅＋炭素 ──→ 銅＋二酸化炭素　の反応である。

(3) 0.12 gの炭素と反応した酸素は，

$2.00 - 1.68 = 0.32$〔g〕

発生した二酸化炭素の質量は，

$0.12 + 0.32 = 0.44$〔g〕

酸化銅が還元されてできた銅の質量を x〔g〕とすると，

$x : 0.32 = 4 : 1,\ \ x = 1.28$〔g〕

したがって，試験管**P**に残った黒色の酸化銅の質量は，

$1.68 - 1.28 = 0.40$〔g〕

6　(1) 0.2秒から0.3秒までの0.1秒間に動いた距離は，

$13.5 - 6.0 = 7.5$〔cm〕

したがって，平均の速さは，

7.5〔cm〕$\div 0.1$〔s〕$= 75$〔cm/s〕

(2)表より，0.4秒後以降は0.1秒ごとに12.0 cm進む等速直線運動をしている。0.7秒後では60.0 cmの位置にあるので，そこから120.0 cmの位置に球が達するのは，

$(120.0 - 60.0) \div 12.0 = 0.5$〔秒後〕

したがって，球が動き始めてから120.0 cmに達するまでの時間は，

$0.7 + 0.5 = 1.2$〔秒〕

(3) 0.1秒から0.3秒までの間(斜面をくだっているとき)は，球には斜面に平行な重力の分力がはたらいており，その力の大きさは一定である。

0.6秒から0.8秒までの間(水平面を動いているとき)は，球には重力が下向きにはたらいているが，進行方向に力ははたらいていない。